南水北调中线水源有限责任公司 编

南水北调中线水源有限责任公司

水脉丹心

文化读物

长江出版社
CHANGJIANG PRESS

# 编委会 ------------------------- BIANWEIHUI

名誉主任： 吴道喜

主　任：马水山

副主任： 王　健　付建军　张金锋　曹俊启

顾　问： 汤元昌　齐耀华

委　员： 方启军　郭武山　晏　雷　季丹勇　李全宏

湛若云　王　立　谈华炜　吴继红　蒲　双

# 编撰组 ---------------------- BIANZHUANZU

主　　编：周长征

执行主编：黄学才

副 主 编：王　宏　蒲　双　金　攀　傅　菁

编撰统筹：万茜婷

责任编辑：万茜婷　孟婧勀　冯　莹　周　翔　张彬彬

　　　　　陈正友　付一哲　吴紫菱　袁思琪　张艳玲

# 前　言　PREFACE

　　碧水北送，扬波千重；长河泱泱，利泽万方。

　　清冽的沧浪之水，从淅川陶岔渠首倾泻而出，沿三千里长渠逶迤向北，穿黄河、越淮河、接海河，涵养中原、惠泽燕赵、滋润京津，由此掀开了南北共济的中国发展格局新篇章。

　　国之重器，民之命脉。从一期工程全面建成通水，到工程全面发挥综合效益，再到后续工程高质量发展，南水北调中线工程已成为我国优化水资源配置的大动脉、保障群众饮水安全的生命线、复苏河湖生态环境的主力军、畅通南北经济循环的水纽带，更是实现中国梦的重要战略支点。而南水北调中线水源有限责任公司（简称"中线水源公司"）则肩负着这条纵贯南北新"水脉"源头——南水北调中线水源工程的守护重任。

　　2021年5月14日，习近平总书记在推进南水北调后续工程高质量发展座谈会时强调，南水北调工程事关战略全局、事关长远发展、事关人民福祉，要从守护生命线的政治高度，切实维护南水北调工程安全、供水安全、水质安全。

　　丹心寄北，水源情深。在党中央、国务院的高度重视与科学指引下，在水利部、长江水利委员会（简称"长江委"）的坚强领导与正确指导下，在委属各单位的鼎力支持与精诚协作下，中线水源公司自成立以来，始终心怀"国之大者"，以"功成不必在我"的精神境界和"功成必定有我"的历史担当，履职尽责、不辱使命，圆满完成中线水源工程建设各阶段目标任务，渠成水到八余年来，全力确保中线水源工程"三个安全"，使其持续发挥巨大的社会、生态和经济综合效益，为水利事业与治江事业高质量发展、国家重大战略有力有序实施，提供了优质的水资源支撑和可靠的水安全保障。

　　176.6米，是攻克新老混凝土结合等世界性水利工程技术难题，实现一个民族世纪梦想的历史刻度；34.5万，是饱含故土难舍与无私奉献的移民史诗，终不负国家重托，落笔于安居乐业的南水情长；1050平方公里，是丹江口大坝拔江而起，将汉江与丹江糅合成的一库碧蓝；逾500亿立方米，是为回应北方民生渴盼，昼夜奔流润泽京津的汩汩清泓……

十八载栉风沐雨，十八载春华秋实。中线水源人铁血赤诚、匠心筑梦，为树千秋伟业，十年峥嵘建设，鏖战大坝新高，以一流管理，树一流形象，聚一流人才，建精品工程，用"中国智慧"铸就水源丰碑。中线水源人初心如磐，使命如炬，为书利民鸿篇，八年稳健运行，志护清流北上，牢记习近平总书记殷切嘱托，将青春与智慧镌刻巍巍大坝之上，将热血与汗水融入湛湛源水之中。

薪火相传承壮志，弦歌不辍砥砺行。站在实现"两个一百年"奋斗目标的历史交汇点，国家"江河战略"加速推进，治江兴水高质量发展持续深化，"四横三纵"超级水网蓝图徐徐铺展，南水北调后续工程建设方兴未艾，中线水源工程供水地位由"辅"变"主"并全面进入运行管理新阶段……当好南水北调中线"守井人"，是时代赋予中线水源人的历史新使命和更高新要求。

知来路，方能启新程。本书以历史发展脉络为经线，以守护中线水源工程"三个安全"为纬线，以中线水源地因水而盛的自然资源与人文底蕴为起点，以勇担当、甘奉献、敢创新、善作为的水源奋斗者之姿为落点，全景式呈现了中线水源事业从丹江口大坝加高实现世纪构想，到心系"三个事关"、矢志护佑"一库清水永续北送"，再到改革转型促高质量发展、启航新梦想的漫漫征途，全方位展示了中线水源人凝心聚力、砥砺前行，赓续弘扬南水北调精神、新时代水利精神、长江委精神的生动实践。本书不仅是集中展现中线水源公司从中线水源工程建设者到运行管理者一路发展历程的窗口，更是有力彰显中线水源人作为中线水源工程安全护佑者、供水安全践行者、水质安全躬耕者精神风貌与文化传承的载体。

文以载道，化以兴业。希望读者通过阅读本书，能够增进对南水北调中线水源事业的全面了解，从"水源铁军"的精神谱系中汲取能量，鼓起迈进新征程、奋进新时代的精气神，为不断唱响新时期水利之歌、长江之歌、水源之歌贡献力量。

编　者

2023 年 6 月

# 目　录　CONTENTS

第一篇

水脉之源

# 第一章 自然禀赋

## 第一节 汉丹之交

日月经天,江河行地。

汉江,长江最大的支流,它在历史上与长江、淮河、黄河并称"江淮河汉"。《诗经》有云:"维天有汉,监亦有光。"古人将这条流经秦岭以南、湖北西北部的大江,与天上银河对应,汉江由此得名。

### 江流天地外

与一般人的常识不同,古老的汉江,是一条比长江、黄河还要早诞生 7 亿年

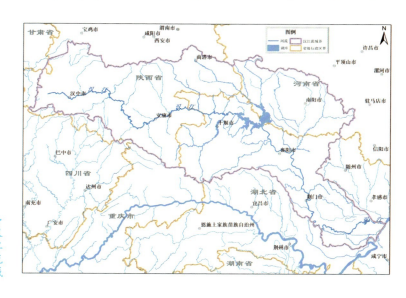

▶ 汉江流域

陕西宁强境内汉江源头

的河流。对比成书于战国的《尚书·禹贡》中"九州导山导水示意图"和北宋沈括所作的《禹迹图》，不难发现，长江与黄河都曾多次改道，其流向与如今并不相同，唯有汉江在这两幅古地图上，与今天绘制的地图形状几乎完全一致。在我国广袤的中部大地，汉江也是沟通长江与黄河两大流域的重要纽带。

汉江地处长江中游北岸，位于东经 106° 12' ~ 114° 14'、北纬 30° 08' ~ 34° 11'。整个流域呈东西走向，水系呈叶脉状；北部以秦岭、外方山及伏牛山与黄河为界，东北以伏牛山及桐柏山与淮河流域为界，西南以大巴山及荆山与嘉陵江、沮漳河为界，东南为江汉平原，无明显界线，流域总面积为 1.59 万平方千米。

汉江干流横贯陕西南部，流经湖北，并于武汉汇入长江，全长 1577 千米，总落差 1964 米。其中：从陕西汉中的源头至湖北丹江口为上游，高山耸立，河谷狭窄，长约 925 千米；由丹江口到钟祥为中游，河谷较宽、沙滩多，长约 270 千米；由钟祥到汉口为下游，主要为平原、湖沼地带，流经江汉平原，河道蜿蜒曲折，长约 382 千米。汉江多年平均年径流量为 539 亿立方米，是当今我国中部区域水质最好的大河。

无论是地理古籍《尚书·禹贡》，还是当代《辞海》，都将发源于陕西宁强嶓冢山的漾水作为汉江正源。实际上，汉江发源于我国南北气候分界线的秦岭南麓，有北、中、南三个源头。其中：北源名沮水，源自甘肃境内，中源漾水，以

第一篇　水脉之源

及三源中最长的南源玉带河，均发源于陕西宁强境内。

漾水从嶓冢山半山腰石牛洞发源，起初还是叮咚之泉，在向东进发的过程中，且行且接纳着一条条细小无名的溪流，水量渐渐变大；进入汉中勉县后，便被称为沔水，随着沮水和玉带河的加入，一条江河的气象初现端倪；当它在勉县褒谷口与褒河汇流而出时，这条以一个民族的代称——"汉"字命名的伟大江河，才终成气候，赫然出现在中国历史的辽阔视野之中。

## 一场双向奔赴

汉江河道曲折，自古便有"曲莫如汉"之说。尤其是位于秦岭与大巴山之间的上游地区，海拔高程在600米以上，高山、浅山、丘陵面积占97%，平原只占3%，其落差约占全河流总落差的95%以上，平均河床比降在万分之六以上。该段山地纵横，大河中流，江水多于群山之中蜿蜒蛇行，两岸峰高坡陡，峡谷众多，水流湍急，却意外造就了汉江上游水量丰沛、水能资源丰富的自然禀赋。

雾锁汉江

依依不舍地离开陕南，汉江就进入湖北地界。此刻，一条河流早已从秦岭另一端群山深处起步，翻山越岭，即将结束它与汉江"相约"的漫漫旅程。这条河流就是汉江最长的支流丹江。

相传，上古夏时，洪水遍溢，尧的儿子丹朱带领民众对当时还被称为黑水河的丹江进行治理，却因劳累过度而牺牲在工地上。人们为纪念丹朱，遂把黑水河改名为丹江。

丹江发源于陕西商县的秦岭南麓，全长 384 千米，上游商县、丹凤一带为川塬区，宽谷浅丘，地势平缓，其余河段均为山区峡谷河流。丹江流域面积为 1.6 万平方千米，多年平均年径流量约 49 亿立方米。其长度居汉江各支流的首位，而流域面积和水量均居第二位。

经过八百里的迢迢奔涌，丹江才终于扑进了汉江的怀抱。而这场命运般的交汇，后来有了一个"一生为蓝"的名字——丹江口。

## 年轻的名字

丹江口是汉江上中游的分界点。其所处的汉江中游地区，由平原、丘陵及河谷盆地组成，是山区河流与冲积河流的过渡河段，天然落差远小于上游，仅为 50 米。刚走出鄂西北绵绵大山的汉江，在丹江口豁然开朗，于宽浅的河床上渐流渐阔，水势平静了，水流声小了，水越聚越深了，也越来越清了。除了夏天大雨和水涨泛滥的时候外，这里的水都是极其清明碧透的，甚至历经悠悠岁月，水色依旧。于是，"沧浪"，这个千百年来世人向往的名字，便与丹江口成为一脉相承的前世今生。

◀ 矗立在沧浪水之滨的水都新城

第一篇　水脉之源

5

如今，丹江口这个在历史长河中尤为年轻的名字，因共襄水利伟业而载入史册。由于地处江汉平原与秦巴山区的结合部，丹江口的地理位置与自然资源条件十分优越，可获得较大有效库容用于调节洪水，并进行综合利用，因此成为汉江治理开发首个控制性大型骨干工程的坝址，进而又成为南水北调中线工程的核心水源区。在这里，拔江而起的丹江口大坝，将汉江与丹江糅合成 1050 平方千米的一库碧蓝；从这里，源远情长的沧浪之水，不舍昼夜地开始了它长达 1432 千米的北送新征途。

丹江口，将自己的名字与一个民族的世纪调水构想紧紧地联系在一起，因水而生、因水而荣、因水而兴，也必将因兼济南北的壮举，成为一个民族实现伟大复兴理想的永续动力之源。

## 第二节　理想水源

巍巍武当，悠悠汉水，历史选择了丹江口这个神山秀水的交汇之地，承载一代伟人关于南水北调的宏伟构想。

山环水绕，碧波浩渺，丰富可靠的水资源、优良的水质、得天独厚的地理位置，决定了丹江口是南水北调中线水源工程不可替代的选择。

### 汉丹之沛

丹江口水库位于亚热带向暖温带过渡的地带，属于季风型大陆性半湿润气候，雨量充足，年均降水量 800~1000 毫米，主要集中在 7—9 月。丹江口水库进水量主要来自汉江及其支流丹江。汉江流域属于我国降雨相对丰沛的地区，可利用的水资源比较丰富。其流域内水资源以地表水和地下水两种形式存在，全流域地表水资源总量为 591 亿立方米，地下水资源总量为 190 亿立方米，扣除两者相互转化的重复水量，全流域水资源总量达 606 亿立方米。即使是南水北调中线工程 130 亿立方米的远期调水规模，也仅占据汉江流域年径流量的约 22%，因此江汉流域可为库区提供充足的淡水资源。再加上水库周围水系发达，由北向南流向水库的河流众多，而且大部分的河道较深、水流湍急，也为库区水源提供了补

素有『亚洲天池』之称的丹江口水库

充保障。

丹江口水库控制流域面积 9.52 万平方千米，占汉江流域总面积的 60%，年均入库水量近 400 亿立方米，大坝加高后形成总面积近 1000 平方千米、蓄水量约 300 亿立方米的亚洲第一大人工淡水湖，并拥有巨大的调节库容。水库上游地区为秦巴山区，平原狭小，人口和耕地相对较少，其工农业生产、生活及其他用水消耗的水量相对不多，入库水量减少有限，在满足丹江口及其上游社会、经济与环境发展用水的条件下，基本可满足用于"解渴"华北地区的调水量。

## 沧浪之澄

南水北调中线工程供水目标主要是城市生活用水和工业用水，兼有为受水区及调水沿线城市补充生态用水的目的，因此水质的好坏至关重要。汉江流域自古水质优良，特别是流经古均州（今丹江口）的这段沧浪之水，尤以水色著称。沧浪之水的得名，源自碧绿洁净的水质，史载其"较之他水百倍澄鲜，如天之苍然"。正因如此，"沧浪绿水"才成为古均州八景之首，甚至位居汉水诸名胜第一。这也为丹江口水库的水质奠定了历史基础。通过对丹江口水库监测资料进行的单项和综合评价结果表明，库区各监测断面的水质良好，而且有硬度低、溶解氧充足等优点；按《地表水环境质量标准》（GB 3838—2002）综合评估，已达到Ⅰ类水标准，单项评价仅高锰酸盐指数稍高，但仍符合Ⅱ类水标准，是全国水质最好的大型水库之一，完全可以满足城市生活、生产及生态用水的水质要求。

　　丹江口水库周围入库污染负荷不大，加之水库稀释自净能力强，也为其向北方提供优质南水创造了有利条件。建立汉江上游国家重点水源保护区，制定水源保护规划，加强库周植树造林、涵养水源，严格控制污染源和污水的达标排放，完善库区水质监测及应急处置体系，实施库区鱼类绿色增殖和科学放流，推动库周转型生态型旅游经济……通过水生态环境维护"做加法"、水污染隐患消除"做减法"，水库的优良水质得到了稳定有效的保持。如今的丹江口水库已是国家级生态文明示范区，不需要任何处理即可直接饮用的清甜库区水荣膺"中国好水"称号，更有作为检验水质"金标准"、被誉为"水中大熊猫"的桃花水母时常游弋其中，成为库区水质持续向好的有力证明。

▶ 丹江口水库在红霞映照下分外澄澈

地势之利

　　实现"一江清水向北流"的"密码"，还在于丹江口水库的地理位置。丹江口水库控制汉江上游地区，并介于长江与黄河、淮河流域之间，具有明显的水资源分布优势，而且其毗邻华北平原，更有"近水楼台"之便。更重要的是，丹江

口水库与北京、天津等受水区正好分别处于我国第二阶梯和第三阶梯过渡地带的两端，呈南高北低之势，沿途所经过的地方也基本全都是平原地形。丹江口大坝加高后，水库正常蓄水位从原来的 157 米抬高到 170 米，可使陶岔渠首底板高程与终点北京、天津的海拔高程之间产生 100~150 米的高差，而借助这个高差，就能确保江水在重力作用下，全程自流输水到京津，并使供水范围覆盖整个华北平原，从而大大降低输水成本。

两江澄碧，四岸斑斓，汉丹之交的一库晶莹剔透，宛如镶嵌在崇山峻岭间熠熠生辉的宝石。"问渠那得清如许？为有源头活水来。"这便是南水北调中线工程的源头所在，浩荡南水自此北上……

# 第二章　水韵人文

## 第一节　夏禹导漾

　　走进武当博物馆二楼展厅，这里汇聚了众多武当山古建筑艺术精粹，满目皆是兼备中国土木榫卯结构与西方砖石结构的杰作。其中有一件文物却不寻常。

### 一座铜亭之谜

　　这是一件高 63.4 厘米、宽 30 厘米、重 18.6 千克的铜铸鎏金亭，屋顶采用的是仿大木结构重檐歇山式形制。众所周知，屋顶是中国古建筑中至关重要的角色，其丰富多样的形制，被赋予了浓厚的宗教色彩与严格的封建等级意义。而重檐歇山顶，在规格上是仅次于皇家御用庑殿顶的最高等级建筑样式。不仅如此，整个微缩建筑物"以铜乱木"的建筑手法，也与武当金顶上的太和宫金殿如出一辙，可见其建造者通过建筑语言致力于表达一种极高的尊崇之意。

　　武当金顶太和宫金殿里供奉的是道教尊神之一的真武大帝，那么这座铜铸鎏金亭又是为谁而造呢？

文物的出身为我们解开了谜底。这座精工铸造的铜铸鎏金亭，1981年出土于武当山紫霄宫前的禹迹池内。根据成书于公元1431年的《敕建大岳太和山志》记载，禹迹池始建于元朝之前，明朝永乐年间因朱棣敕修武当而重建，池中建有禹迹亭，池北建有禹迹桥，均为铜铸。原来，铜铸鎏金亭名为禹迹亭，它连同禹迹池、禹迹桥，都是武当先民为纪念夏朝开国君王大禹曾在此导山治水而建。

大禹疏九河治水、划九州安邦的故事家喻户晓，但他曾疏导汉江入海并在古均州（今湖北丹江口）一带治理水患却鲜为人知。

## 神州处处有禹迹

对于这段4000多年前的事迹，中国第一篇区域地理著作《尚书·禹贡》有这样的记载："嶓冢导漾，东流为汉，又东为沧浪之水。过三澨，至于大别，南入于江，东汇泽为彭蠡，东为北江，入于海。"《尚书·禹贡》认为：今陕西宁强境内的嶓冢山是汉江即汉水的发源地，发源处称为漾水；漾水东流，经陕西西南这段称为沔水；沔水流到陕西汉中，始名汉水；又东流到楚地武当（今湖北丹江口）处，称为沧浪之水。大禹自嶓冢山开始，依次治理、疏导泛滥于漾水、汉水和沧浪之水的洪流，经与三澨水（位于今湖北天门南）合流，将其导至长江北

《尚书·禹贡》部分章节

▶湖北丹江口龙山是传说中大禹治水途经之处，至今留有禹王庙遗址及龙山宝塔

岸，并豪然推开大别山（今湖北武汉龟山），最终实现汉水与长江的交汇，进而朝宗入海。今天，一块嶙峋巨石横卧在武汉晴川阁的朝宗亭下，便是曾经突兀壁立于大禹导漾归江成功之处的水中标石——"禹功矶"。

相传，大禹导漾后，顺流而下，在今丹江口龙山察看汉水流经沧浪洲的情形，而后又从龙山顺曾河而上，进入武当山察看汉水水系，并在此基础上制定了切实可行的治水方案。他先疏导武当山鬼谷涧、黑虎涧、磨针涧等沟壑之水，使其经九渡河、剑河汇入汉水，再指挥民众将堵住汉水河道的龙山劈开，使汉水顺畅地流入长江，从而解决了水患。

大禹治水告成后，受到万民敬仰。沧浪水之滨的先民为世代传颂他的功德，除了在武当山紫霄宫一带建造禹迹亭等系列纪念建筑外，还在龙山顶建造了一座禹王庙，其遗址中发现的砖石上，"禹王庙"三个字历经风雨沧桑仍清晰可见。而且丹江口市至今还保留有龙山咀、龙口镇、龙口村等与之有关的地名。

## 从传说到传承

自大禹伊始，中华先民因水而引发的行为和思考，便连续不断地记录在人类文明的史籍中，治水兴水进而成为治国兴邦的重要内容。可以说，中华民族五千年悠久的文明发展史，就是一部波澜壮阔的水利史。而大禹治水的故事之所以跨越数千年岁月而历久弥新，不仅因为大禹带领华夏先民兴水利以化水害，为中华民族创造了巨大的物质财富，更因为大禹治水所展现的崇高精神，不断砥砺着中华民族的优秀品格，铸造着中华民族的"民族之魂"。

大禹治水精神是不畏艰险、迎难而上的担当精神。世界上几乎所有民族都有祖先远古时期被特大洪水侵袭的神话传说。面对不可抗御的天灾，有的民族选择乘坐诺亚方舟或登上奥林匹斯山逃避浩劫、保留文明的火种，有的古老民族则永远消逝在滔滔洪水之中，而唯独炎黄民族不屈不挠，在大禹的带领和团结下，选择"留下来、扛过去"，劈波斩浪、克难攻坚，终将洪水治得"地平天成"。而这精神火炬，一直引领和激励着中华儿女自强不息、勇毅前行，战胜历史上一个又一个艰难险阻，并创造出辉煌灿烂的华夏文明。

大禹治水精神是人民至上、公而忘私的奉献精神。受命于危难之际的大禹，对父亲鲧因治水不善被诛毫无怨恨，义不容辞地挑起了治水安民的重担。他以为民造福为己任，率先垂范，始终奋战在治水第一线，皓首穷经，不坠青云之志。他劳身焦思，舍小家顾大家，在外奔波十三年，三过家门而不入。他始终以人民利益为出发点，认为"民为邦本"，只有解除洪水对民众的危害、促进华夏各民族之间的融合，方能固本强基、国富民强，而治水功成后安澜统一的九州终成为中华文明持续发展的重要基础。

大禹治水精神延续至今

大禹治水精神是艰苦奋斗、坚韧不拔的创业精神。在治水的困苦岁月中，大禹白天带领群众开山辟地，晚上苦思冥想治洪方略，夙兴夜寐、栉风沐雨，将所有精力和全部财物都用于导山疏水的伟大事业。《史记》记载他以身作则，带头苦干，吃穿住行都极其朴素简陋。《韩非子》《墨子》记载他身先士卒，总是亲自拿着锄头、铲子走在群众队伍最前面，终日跋涉在山川大地，累得大腿没有肉，磨得小腿不长毛，全身伤痕累累，更因劳苦过度而走路蹒跚，后来竟被俗巫效仿，演变成祷神仪礼中常用的一种步法动作，称为禹步。正因如此，才造就了中华民族历史上"人定胜天"的典范。

大禹治水精神是尊重自然、因势利导的科学精神。大禹认真总结父亲鲧采用"湮""障"之法失败的经验教训，因地制宜地采用不同的交通工具开展实地调查，重新审视地理形势，根据水往低处流的自然规律，创造性地提出了"疏川导滞"的治水总体策略。他开拓创新，发明规矩、准绳等先进的测量工具和测量方法用于观测地形的平直高低，亲自沿山脚、山坡勘察并砍削树木做标记以示山河的走向，并筑台登高了解水患，有效提升治水的技术水平。从来不单向地征服自然，而是通过求真务实的科学探索，让人类用自然的法则与之共存，彰显着"天人合一"的独特东方智慧。

历史因铭记而永恒，精神因传承而不灭。大禹治水精神同样凝聚了一代代水利人共同的精神追求，是新时代水利精神的重要根源与鲜明旗帜。由"忠诚、干净、担当"的水利人品质、"科学、求实、创新"的水利行业价值取向所构成的新时代水利精神，与大禹治水精神一脉相承、相互融通，是大禹治水精神在当代水利实践中的丰富、充实与发展。在新的历史起点上，只有不断继承和发展大禹治水精神，大力弘扬新时代水利精神，才能为水利人薪火相传、踔厉奋发推动水利现代化事业高质量发展提供源源不竭的思想动力与精神支撑。

禹迹昭昭，禹风习习。"导漾归江"是大禹留给沧浪之地一笔浓墨重彩的印记。在这位伟大践行者精神的感召下，沧浪水之滨正不断书写治水护水的崭新篇章。

## 第二节　　上善若水

万物遵循着什么样的法则？人应该怎样存在于天地之间？

是如山，如风，还是如水？

山势沉，至重至阳，稳而不移。风若虚，拂万物而无法正万物。唯有水，亦实亦虚，福泽万物，生发万物，成就万物。

中国古代的先哲们就是这样，师法自然、格物致知，一步步探寻出"天问"的答案，并由此形成了中华民族所独有的哲学体系——"道"。道无处不在，万物由它生成，依赖它成长，我们生于道之中，从无中可以观照道的奥妙，从有中可以观照道的端倪。

### 道源汉江

最早对道进行系统思考和探究，继而对自然规律、生命根源和人生价值进行透彻反思的就是老子。而老子悟道，还要从汉江之滨说起。

相传，在汉江畔一间简陋的小屋里，老子的老师商容生命垂危。弥留之际，商容用微弱的声音对守在卧榻前的老子问道："牙齿和舌头，哪个刚强，哪个软弱？"老子回答："牙齿刚强，舌头软弱。"商容不语，缓缓张开嘴巴，由于年老体衰，他的牙齿早已掉光，而舌头却依然存在。商容注视着老子又问："你明白

南水北调中线水源有限责任公司文化读物

这是什么道理吗？"老子沉思了一会儿，说："老师的意思是，过刚的易衰而柔和的却能存在？"商容欣慰地点了点头，对自己这个杰出的学生说道："天下的许多道理，几乎全在这其中了。"深受启发的老子含泪而问："老师，今后我将以谁为师？""以水为师。"这是商容留下的最后遗言，也在冥冥之中注定了道家哲学"上善若水"的精神底色。

千古流淌、生生不息的水，赋予了老子凝敛、含藏、内收的智慧，哺育了老子"道"的最高哲学思想，最终成为构建老子思想大厦不可或缺的柱石。于是，老子以王朝兴衰成败、百姓安危祸福为鉴，并溯其源，著上、下两篇共五千余字的《老子》即《道德经》，其隽永的语言阐发了深邃的思想，也深刻影响了两千余年来中国的传统文化。

## 以水载道

道，"无形而不可见，恍惚而不可随"。老子以水喻道曰："上善若水。水善利万物而不争，处众人之所恶，故几于道。居善地，心善渊，与善仁，言善信，政善治，事善能，动善时。夫唯不争，故无尤。"在他看来，君子为人处世最值得推崇的行为，就是像水一样。水善于滋润万物而不与万物相争，乐于停留在众人都不喜欢的卑微之处，因此最接近于道。他又进一步以水的自然秉性，类比七

上善若水

种高尚的品格：不自傲，甘心居于下位；心胸宽广，内蕴深厚；待人真诚，友爱无私；恪守信用，言出必行；为政能因地制宜，因时施策；处事能够发挥所长，刚柔并济、动静相得；行动善于把握时机，随机应变。而拥有这些品格的人，因为有着不争的美德，所以就没有过失与怨咎，称得上是最完善的人格。

水的哲学，在于其无色、无味、无形却包罗万象。它之所以是道的遵循、德的化身、义的楷模，在于其四重境界。

水有至善之功。世间万物无水便不能生长，它以无所不容、无所不用而泽被万物，堪称万物之本、生命之源。任何东西经水的洗濯，便渐趋鲜美洁净，堪称无声教化。水毫不吝啬、一心一意地为他人创造价值，既不索取回报，也不渴求感激，甚至将纤尘不染留给他人，将污秽狼藉留给自己。水既可以影响万物，也可以调动万物，它周济天下，正是因为摒弃了一己之私，将自己与万物融为一体，同生同灭、共存共荣。从水中，我们能够观知其利他奉献、大公无私的境界。

水有至谦之德。论水的功勋，对万物施以恩惠，当得起颂词千篇、丰碑万座。可水却不以为然，不仅不争名逐利、居功自傲，反而默默无闻地流向低处。他物从高处跌落，往往气短神伤，水从高处跌落，却偏偏神采飞扬。它随遇而安，知足自省，无论用任何器具盛放，都是遇满则止，并不贪多务得。水越深达越安静，可不言不等于无言，不争不意味着不为。它愿意去众人不看好却需要它的卑微之地，愿意做别人不愿做的无名之事，以低调达观的姿态，更好地蓄积能量、智慧并发挥所长。从水中，我们能够体悟其虚怀若谷、淡泊不争的境界。

水有至大之量。海纳百川，浩大无尽，胸怀广博，可容世界。水唯能下，方能成海。大海之所以能够成为江川河流所汇往的地方，是因为它格局远大，善于放低自己。无论是闻达天下的河川、籍籍无名的小溪，还是澄清纯净的雪水、浑浊熏人的污水，大海都能心胸坦荡地包容接纳，然后再慢慢吸收净化。水的凝聚力极强，一旦融为一体，同心协力，即使抽刀断水也是枉然；汇聚成江海，更是威力无比，浩浩渺渺，荡古涤今。水不仅存在于江河湖泊之中，还化身于世间万物之中，它与土地结合，便是土地的一部分，与生命结合，便是生命的一部分，和谐之美，妙不可言。从水中，我们能够感受其有容乃大、聚力善群的境界。

水有至柔之刚。柔，既是水的法则，又是它力量的源泉。水柔而有骨，它随着环境地势变得千曲万折，却顺乎天道，从不逆流，执着不懈地汩汩向前，即使奔赴百丈深渊也无所畏惧；它看似无力，却蕴含着坚韧不拔的无穷力量，若遇阻挡之物，千磨万击，耐心无限；若遇棱角磐石，既可磨圆棱角，亦可水滴石穿。水柔而多变，它能上能下、能屈能伸，上可化为云雾，下可化作雨雪，入杯即为饮，出崖则为瀑；它随机应变、不墨守成规，行至山溪则漫流、行至漩涡则迂回、行至江海则奔腾，遇石则绕、遇堤则停、入渠而顺。从水中，我们能够品察其坚韧灵活、似弱实强的境界。

## 行道如水

大风泱泱，大潮滂滂。赓衍两千五百余年的道家哲学，随汉水与沧浪的涛声渐合，深深融入沧浪之地的掌纹与脉搏；纵贯南北一千四百余千米的调水鸿篇，在此饱蘸浓墨赤诚起笔，将这片热土"上善若水"的精神底蕴渲染得愈加浓郁。

20世纪60年代，十万大军齐聚丹江口，肩挑背扛、战天斗地，展开了艰苦卓绝的丹江口大坝建设大会战，奠定了世纪工程的基石。南水北调中线水源工程建设之际，库区移民以不计得失利钝的大义，再度贡献自己的家园，迁离世代生息繁衍的恋恋故土，谱写了一部感天动地的水脉丹心曲；成千上万的建设者勠力

润民生、护安澜的南水北调中线水源工程

同心、顽强拼搏，攻克新老混凝土结合等世界级技术难题，实现国内规模最大的坝体加高工程，始以百米之高，终致千里之远。南水北调中线工程通水运行之后，中线水源人砥砺奋斗、笃行不怠，坚守水质安全、供水安全、工程安全的生命线，为成就"一库清水永续北送"的千秋伟业不断增添新的注脚。

从"利他人、利社会"，到"利万物、利子孙"，丹江口上演绎着一幕幕"乘浩荡东风、守家国情怀、铸大国重器、负使命担当"的奉献与守护。这，也许只是历史长河中的一股涓涓细流，却真正诠释了水润万物而无声的广博之境、护万物而不歇的磅礴之气、利万物而不争的上善之美。

## 第三节　沧浪闻歌

滔滔三千里汉江，有这样一段水域，因其"水至此汇渟渊寂，色若结绿，纹如湘簟"而载入史册，以其"较之他水百倍澄鲜，如天之苍然"而闻名于世。武当汉江在此珠联璧合，绘就了一幅绵延千余平方千米壮美的丹青画卷。

浩浩五千年历史，有这样一方水土，被颂为弦歌而千百年不辍，让孔子感叹、孟子载书、屈子激愤，让孺子世世代代传唱。《孟子》《楚辞》在此意蕴生发，谱就了一段亘贯古今依旧璀璨夺目的水文化篇章。

这便是流经武当山下古均州（今湖北丹江口）的沧浪之水。

### 忽闻岸上踏歌声

"嶓冢导漾，东流为汉，又东，为沧浪之水。"成书于2500多年前的《尚书·禹贡》，是迄今为止最早出现"沧浪"之名的古文献。根据《史记》的记载和有关研究，沧浪之水是大禹疏通汉江入海时命名的，至武都（今陕西汉中）为汉水，至均州为沧浪之水，至江夏（今湖北武汉）则为夏水。自秦岭源头一路逶迤的汉江，经鄂西北崇山峻岭的九曲回肠，流至丹江口境内水势才稍微平缓，到了槐树关转而向南流淌，这一段就是沧浪之水。

沧浪之水不仅是灌溉江汉沃土的生命之源，更是具有穿越时空力量的人文之水。

◆ 第一篇 水脉之源

▶ 千百年来以澄鲜苍然而闻名的沧浪之水

"沧浪之水清兮，可以濯我缨。

沧浪之水浊兮，可以濯我足。"

相传，花甲之年的孔子应楚王邀请来到楚国，与弟子一行途经沧浪水之中的沧浪洲，忽闻小童传唱这首楚国民间歌谣。孔子听罢，转而教育弟子："你们听着，水清时能洗涤帽缨，水浊时就只可洗脚，这都是由水本身决定的。"《孟子·离娄上》中记载了孟子谈到孔子闻歌之事，并进一步引申："人必自侮，而后人侮之；家必自毁，而后人毁之；国必自伐，而后人伐之。"在孔子和孟子看来，个人和家国的兴盛衰微，有其最根本的内在因素，外部条件只能起到促进辅助的作用；君子修身、齐家、治国，都要重视自我价值与主观能动作用，无论祸福，只有自强者才能立于不败之地。

## "孤高事"与"逍遥意"

同样也是进行"清浊之辨"，《楚辞·渔父》中的传奇对谈则展现了另一番思想的碰撞。

楚国大夫屈原被流放时，行至沧浪水之滨，偶遇一名捕鱼老人。老人见屈原颜色憔悴、形容枯槁，便问："您不是三闾大夫么？怎么落到这步田地？"屈原答："举世皆浊我独清，众人皆醉我独醒，因此被放逐。"捕鱼老人又道："圣人对待事物可不死板，能随着世道变化而变化。如果世上的人都肮脏，何不就搅浑泥水、扬起浊波？如果大家都迷醉不醒，何不就一起吃糟饮酒？为什么要想得这么深远，还要保持纯粹高洁，以至于让自己落了个放逐的下场？"屈原断然道："我听说刚洗过头一定要弹弹帽子，刚洗过澡一定要抖抖衣服，怎能让清白无比的身体沾染上污秽不堪的外物？我宁愿跳到湘江里，葬身在江鱼腹中，也不能让纯洁高尚蒙上世俗尘埃。"捕鱼老人听了微微一笑，摇起船桨动身离去，但口中却唱起了两百多年前孔子曾聆听的那两句熟悉的歌谣……

对于屈原与捕鱼老人所秉持的两种截然不同的人生态度与价值取向，唐代诗人汪遵曾有诗评曰："灵均说尽孤高事，全与逍遥意不同。"

作为一位坚守儒家传统的思想家、坚持以自身理想改变现实的政治家，以及伟大的爱国主义诗人，屈原恪守高洁的人格精神，从未希图逃避现实，更不肯在"兰艾杂糅"中亏损了崇高的本质。清白以取直、舍生以取义，他以自沉湘江表达了始终坚守忠直清廉的理想信念，以及百折不屈、抗争到底的勇毅决心，这种精神与《离骚》中的"虽体解吾犹未变"遥相辉映、同归不朽。

而捕鱼老人则是一位顺应时代、超然物外的智者，他看透尘世纷扰而不回避，主张在随性自适中保持自我人格与操守。"水清"比喻治世，而"缨"为帽带，是古代男子地位的象征，整饰冠缨则代表着准备出仕、有所作为；"水浊"比喻乱世，只能从自身出发而"濯足"。字里行间表达的是另一种积极处世之道：人不仅要刚直

位于湖北武汉东湖畔的行吟阁屈原像，阁名取自《楚辞·渔父》中"行吟泽畔"之意

进取，也要在不丧失本性、不同流合污的前提下，因时顺化、应势而为。用老子的话来说，就是"和其光，同其尘"，即涵蓄着光耀，混同着尘垢，体现了典型的道家思想。这也与孟子所持的"穷则独善其身，达则兼济天下"的儒家观点不谋而合。

## 历史的回响

这首因上述历史典故而被后人冠以《孺子歌》《渔父歌》甚至《沧浪歌》的楚地歌谣，被历代文士吟诵不衰，更让沧浪之名流传千载。为纪念这两段历史佳话，一千多年前，人们还在均州古城东门外修建了沧浪亭，更有怀古尊孔者在沧浪亭坐落的山崖上刻下"孺子歌处"四个大字，成为文人墨客赏景赋诗的胜地。

无论是孔孟二圣的相继论道，还是屈原渔父的江畔问答，均以其警心启智的哲学思辨、儒道相济的人文精神，赋予了这一江清水深厚的底蕴，并孕育出独特的沧浪文化，进而成为辉煌灿烂的华夏文明星盘上一颗耀眼的星辰。

沧浪之水，她以蓝绿为底色，美丽壮观、激情豪放，包容承载着一切，极无穷之妙；她以清澈为品格，脱俗高雅、激浊扬清，坐看春月秋风、云起云落，起而胸怀家国、兼济天下。而被沧浪之水环抱滋养的这方热土，则不断浸润着她的神韵，回响着她的涛声……

▶ 沧浪晨曦

似乎也正因如此，历史的机缘总是眷顾这片灵秀神奇的地方。

4000 年前大禹在沧浪治水，2500 年前孔子和屈原在沧浪闻歌。而如今，一座宏伟的世纪工程雄峙于此，倒转天河，直济北国。从此，碧绿澄鲜了 4000 多年的沧浪之水，携带着一腔赤诚初心，源源不断地高歌北上，开始了她新的历史使命。

为天地疏经脉，为后世开太平。又一次站在历史前沿的沧浪之水与沧浪之地，终会无负重托。

# 第三章　筑梦水源

## 第一节　风起邙山

明永乐年间，武当山迎来了历史上最辉煌的时刻——敕修武当，成为皇家道场，丹江口自此运系国脉，也与首都北京结下了不解之缘。500余年后，在新中国伟人的预言中，她又再次与自己的宿命久别重逢。

### "长江"舰上的伟人一指

历史进入1950年代，彼时的华夏大地刚经历一场伟大的改天换地，百废待兴。

1952年的深秋，中共中央主席毛泽东乘专列离开北京，开始了他新中国成立后的第一次外出视察。在此行的第一站，他就登上了河南郑州黄河边的邙山。面对眼前的这条滔滔大河，南涝北旱的现实让熟读历史的他陷入沉思。在这次考察过程中，毛泽东并没有过多地谈论如何治理黄河的问题，却出人意料地提出了一个更为宏大的战略构想：

"南方水多，北方水少，如有可能，借点水来也是可以的。"

这是党中央领导人第一次提出南水北调的设想。

转眼就是1953年的初春，毛泽东乘坐"长江"舰从武汉至南京沿江视察，在途中听取长江委主任林一山关于长江治理工作的汇报，并重点探讨了建设三峡工程根治长江洪水的构想。毛泽东想起去年的邙山旧事，便问身边的这位"长江王"："南方水多，北方水少，能不能借点给北方？这个问题你研究过没有？"

毛泽东在『长江』舰上与林一山讨论南水北调水源地问题

那时的长江委将主要精力放在治理长江水患和三峡工程的规划上，对于毛泽东忽然提出的这个问题，毫无准备的林一山只能坦陈没有。

但毛泽东显然思虑深远。他手持铅笔，翻看着林一山带来的地图，用铅笔指点着长江流域，逐个提出他设想的可"借水"位置。从红军长征时途经的白龙江开始，到嘉陵江干流的西汉水，林一山都直言引水价值不大。待铅笔指向汉江，林一山才给出了肯定的回答："汉江有可能。汉江上游和渭河、黄河平行向东流，中间只有秦岭、伏牛山之隔，它自西而东，越到下游水量越大，而引水工程量反而越小。这就有可能找到一个合适的引水地点来兴建调水工程，把汉江水调到黄河乃至华北。"

听林一山这么一说，毛泽东精神为之一振，用铅笔沿着汉江的曲线画了许多杠杠。当铅笔指向丹江口时，他突然画了一个圆圈，问道："这地方行不行？"林一山脱口而出："这里的可能性最大，也可能是最好的引水线路。因为汉江再往下，流向转向南北，河谷变宽，没有高山，缺少兴建高坝的条件，向北方引水也就无从谈起。"

毛泽东的笔端停留在汉江与丹江的交汇处，可以说正合林一山的心意。自1951年开始，长江委就从汉江防洪和水资源综合利用的角度出发，做了大量的前期工作，并基本确认在丹江口选址兴建水利枢纽，只是由于规划尚未完成，还

没有上报中央。

得到林一山肯定的回答后，毛泽东高兴地说："你回去以后立即派人勘察，一有资料就即刻给我写信。"

### "意料之中"与"意料之外"

那一年，从"长江"舰回武汉后，林一山牢记下船作别时毛泽东关于"南水北调工作要抓紧"的殷切嘱托，立即组织精干力量重新查勘丹江口水库坝址线，并寻找其他具有研究价值的引水线路。

长江委众多工程技术人员舍己忘我、兢兢业业地查勘与研究，很快便找到了最有利于引水华北的水库坝址理想河段。与林一山在"长江"舰上汇报时提出的设想相符，这个最佳河段就是丹江口河段。在随后的规划设计工作中，经进一步深入调查研究证明，从丹江口最低水位沿京广铁路直至北京的引水线路，从坡降到水头都非常理想。更加凑巧的是，长江委的规划工作者通过查阅古籍史料，偶然获得了北宋"襄汉漕渠"的遗址信息，从而发现了这条引水线路上竟还存在着一个中国南北分界线的天然"缝隙"——方城垭口。方城垭口两侧山地高程在200米以上，但垭口处却仅有145米，这比当时尚在蓝图阶段的丹江口水库初步设定的170米蓄水高程要低25米，正好可以实现南水自流穿越江淮分水岭。这不仅使南水北调中线规划豁然开朗，也使丹江口水利枢纽工程方案愈加明晰起来。

长江流域规划办公室（今长江委1956—1986年的前身）于1956年编制完成的《汉江流域规划简要报告》推荐丹江口水利枢纽工程作为治理开发汉江乃至长江的第一期工程，并作为引水路线起点承担南水北调（济淮、济黄）的任务，其筑坝地点最终选定在汉江与丹江汇合口下游800米处。由此，汉江防洪的规划与南水北调的宏图在丹江口水利枢纽工程上得到了密切结合与高度统一。

### 调水绘梦的艰难起笔

"萧瑟秋风今又是，换了人间"。风起云涌的1958年，可谓是"南水北调元年"。

这一年的8月，在北戴河召开的中共中央政治局扩大会议通过了《中共中央关于水利工作的指示》，第一次正式提出"南水北调"的规划，同时批准兴建丹

丹江口水利枢纽工程开工典礼现场

江口水利枢纽工程作为向北方调水的水源地。9月1日，一声剧烈的炮声，震撼了古老的汉江，丹江口水利枢纽工程正式破土动工。来自鄂、豫、皖三省的十万建设大军浩浩荡荡云集丹江口，开始了截断汉江的伟大创举。

在极其艰苦恶劣的自然条件和十分落后的生产力条件下，广大建设者们依靠肩挑背扛、"土法上马"，于1959年12月26日实现丹江口大坝截流。由于种种原因，工程建设接连遭遇技术问题与国民经济困难而几度暂停，并调整工程规模而改为两期建设，但凭着移山填海之志、筚路蓝缕之功，丹江口大坝终于在1967年11月18日下闸蓄水。1970年7月，原设计高程为175米的丹江口大坝，按照初期工程规模仅建设至162米高程。1974年，丹江口水利枢纽初期工程竣工，其防洪、发电、灌溉、通航、养殖五大综合效益位居当时全国水库前列，被誉为"五利俱全"的水利工程。

历经波折的丹江口水利枢纽初期工程，在千山万壑间实现"高峡出平湖"的奇迹，南水北调这个世纪构想，也迈出了它走向现实的第一步。

第一篇 水脉之源

27

▶丹江口水利枢纽工程建设大军用190分钟完成汉江截流

**世纪梦想终照进现实**

　　早在 1959 年，长江流域规划办公室就在其编制完成的《长江流域综合利用规划要点报告》中首次提出了从长江上、中、下游引水的南水北调总体布局，从此奠定了南水北调工程的基本框架。然而，要把南水北调的宏伟蓝图真正变为现实，不仅需要解决一系列难以克服的世界性技术难题，而且需要有足够强大的国力支撑。现实的使命和历史的责任，像千钧重担压在这一代人的身上。

　　时间来到 1990 年代。改革开放后，我国经济社会蓬勃发展，与不断积累的雄厚物质基础和科技实力相对应的，是发展带来的城市规模迅速扩张与人口规模快速膨胀，以及愈加突出的水资源分布与社会生产力布局不相协调的矛盾。

　　于是，党中央和国务院以对民族、对国家高度负责的态度，站在全局和战略的维度，正式拉开了南水北调工程的序幕。

▶《长江流域综合利用规划要点报告（草案）》

▲ 2002 年 12 月 27 日，南水北调工程开工典礼在北京人民大会堂隆重举行

1992 年 10 月，在党的第十四次全国代表大会上，南水北调工程被列入中国跨世纪的骨干工程。1995 年 12 月，南水北调工程开始全面论证。2002 年 12 月 23 日，国务院正式批复《南水北调工程总体规划》。

历尽天华成此景，人间万事出艰辛。从 1952 年提出构想，到 2002 年总体规划出炉，先后有水利、经济、社会、环境、农业等 24 个不同领域的规划设计及科研单位，以及知名专家 6000 余人次、院士 110 余人次参与献计献策，召开研讨会 100 余次，研究讨论比选方案 50 余种，才形成这份饱含民主参与和科学论证的最终方案。

经过半个世纪艰难的论证规划，经过几代人艰苦的不懈努力，这个连通长江、黄河两大文明之河的人类水利工程奇迹，这个造福中国北方亿万人口的世纪工程，终于在 21 世纪初，从构想付诸现实。

## 第二节　志润北国

新中国伟人在长江上高瞻远瞩的一指，中华民族经略江河的世纪梦想蓝图已跃然于神州大地。

### 大写的一"竖"

作为人类有史以来规模最庞大的水利工程，南水北调工程分为东、中、西三条线路，分别从长江流域下、中、上游，由南往北调水，横穿长江、淮河、黄河、海河四大流域，构筑了"四横三纵、南北调配、东西互济"的总体格局，成为我国优化水资源配置、促进区域协调发展、保障和改善民生的基础性和战略性工程。根据《南水北调工程总体规划》，整个工程规划总工期40~50年，最终年均调水规模为448亿立方米，相当于一条黄河的水量，真正是"天河落人间"。

三条调水线，仿若一个"川"字印刻在中国版图上。这中间的一"竖"，就是南水北调中线工程。它因与国家政治、经济、文化中心遥遥相接、息息相关而显得尤为瞩目。为解决京、津、冀、豫四省（直辖市）及沿线大中型城市的生活、生产及生态用水需求，中线工程从加坝扩容后的丹江口水库陶岔渠首闸引水，经

唐白河流域西侧过江淮分水岭方城垭口后，沿黄淮海平原西部边缘开挖渠道，在河南郑州以西的孤柏嘴处穿越黄河，再继续沿京广铁路西侧北上，最后经河南、河北基本自流到北京、天津两市。根据规划，中线工程分两期实施，一期工程主体由水源工程、输水工程和汉江中下游治理工程组成，年均调水规模为95亿立方米，而这个数字，将在远期工程中提高到130亿立方米。

这其中，水源工程，就是丹江口水利枢纽初期工程受建设条件所限而留下的"伏笔"，其主要内容是续建加高大坝，使坝顶高程由162米提升至176.6米，水库正常蓄水位由157米抬高至170米。输水工程，则包括引汉总干渠和天津干渠，全长1432千米。除此之外，为降低因中线工程调水汉江中下游水量大幅减少对湖北中部地区所产生的不利影响，由引江济汉等四项生态建设工程组成的汉江中下游治理工程也紧随其上。

## 舞"龙头"与护"心脏"

2003年12月30日，相距280千米的北京永定河之畔与河北滹沱河之滨，机械的轰鸣声遥相呼应，一同拉开了南水北调中线一期工程京石段的开工帷幕。中线工程就此进入了建设高潮。

千里长渠始于水源。作为南水北调中线关键控制性工程，水源工程既是带动这条人间天河的"龙头"，又是起搏这条千里水脉的"心脏"。舞好"龙头"，护好"心脏"，这是一份无比的荣耀，更是一份无上的使命与责任。

2004年8月，水利部批准组建中线水源公司。这支最初汇聚长江委各路人才而组建的队伍，毅然肩负起了中线水源工程建设与运行管理的重任。

时隔47年，汉丹两江交汇处再次响起爆破声。2005年9月26日，南水北调中线一期水源工程——丹江口大坝加高工程正式开工。这不仅掀开了丹江口水利枢纽工程建设史的崭新一页，而且标志着中线水源公司自工程建设期开始，正式迈步登程。在这一阶段，作为项目法人的中线水源公司，负责南水北调中线一期工程丹江口大坝加高工程、丹江口库区移民安置工程和中线水源调度运行管理系统工程三个设计单元的建设管理；其行政上由水利部管辖并委托长江委代管，业务上则归国务院原南水北调工程建设委员会办公室（简称"国务院原南水北调

31

办”）管辖。

十年轮风霜寒暑，三千天夙夜不懈，鏖战大坝新高。多项世界性水利工程技术难题、近35万库区移民和史上最大强度的搬迁安置……一个个"问号"被拉直，一道道"天堑"被逾越。中线水源公司作为整个项目建设运作的中枢系统，精细组织、科学管理，全力保障大坝加高工程这项巨型建设系统安全高效运转。

## 以跬步至千里

2014年12月12日，南水北调中线工程迎来"圆梦时刻"。随着汩汩清泓沿长渠一路北上，直至成为北京团城湖里的圈圈涟漪，丹江口水利枢纽这座历经世纪风雨的宏大工程，终得水到渠成。

迈入工程建设期运行管理阶段，中线水源公司不断夯基垒台，积厚成势。内设机构日益完善，从工程建设初期下设的综合、工程、计划、财务、环境与移民五大部门，到2022年底优化调整为办公室、计划部、财务部、党群工作部（人力资源部）、工程管理部、供水管理部、库区管理部、技术发展部八大部门，条

块更加明晰，责权落实到位。人才结构日趋合理，公司管理岗位与辅助岗位人员比例为 7∶3，其中管理岗位员工高级技术职称人员占比 80% 以上，硕博士学历人员占比 20%，技术力量稳步提升，综合素质持续优化。实践锤炼本领，实干砥砺担当，实效展现作为，中线水源公司以精干的人员锻造出了一支"想干事、能干事、干成事"的队伍，为守护大国水脉之源提供了有力支撑。

由工程建设者转向运行管理者，中线水源公司始终心怀"国之大者"，尽显"无我担当"。自南水北调中线工程通水至今，八年峥嵘岁月，立非常之志，应非常之势，以非常之力，竟非常之功。以安全运行的零事故回答洪峰的洗礼，以甘纯优质的南水回应北方的夙愿，以稳定充沛的水量回馈民生的渴盼……中线水源公司忠实履行项目法人及水源工程运行管理主体职责，奋楫争先、躬身笃行，全力守护一库碧水永续北上。

## 从起点到新起点

2021 年 11 月 18 日，随着南水北调中线一期工程丹江口大坝加高工程、中线水源调度运行管理系统工程两个设计单元工程通过水利部验收，中线水源工程全面进入运行管理阶段，也意味着中线水源公司迎来改革发展的转型期。

十八岁，是一个人从青涩步入成熟的标志节点。而对于中线水源公司来说，则是一个奋进集体以丹心印初心、从起点到新起点的郑重宣言。

大盘取厚势，落子开新局。转换思路、革新模式，全面实行"机关化管理、企业化运作"，为适配新阶段迈出"新步伐"；从工程管理、库区管理、供水管理，到党的建设、人才建设、企业文化，以"能力建设"为题，谋篇布局，为企业"强筋健骨"构建"四梁八柱"；从做好优化过程管控"大文章"，到密织库区网格化管理政企合作"朋友圈"，再到"数字库区、智慧水源"技术赋能激活发展"新引擎"，为守护南水北调中线水源工程水质安全、供水安全、工程安全的"生

丹江口水库通过陶岔渠首北送一库清水

命线"，不断锚定"新航标"……2022 年伊始，一系列重点工作正在"进行时"，中线水源公司行稳致远，未来可期。

志之所趋，无远弗届；叩问初心，明所将往。站在新起点上，中线水源人依旧初心如磐，试看他们以水为墨，饱蘸一库豪情，奋力挥就南水北上气贯长虹的诗篇！

第二篇

底蕴之源

# 第一章　匠铸丰碑

2005 年 9 月 26 日，南水北调中线水源地热闹非常。一库碧水荡漾在库区，仿佛洋溢着丹江口大坝也挡不住的欣喜之情。

这一天，湖北丹江口——这个名不见经传的小城，成为全国关注的焦点。丹江口大坝加高工程建设号角吹响，"以一流管理，树一流形象，聚一流人才，建精品工程"，时任中线水源公司总经理王新友对工程建设提出的要求在开工仪式现场久久回荡。

历经 8 年鏖战，大坝"长"高了近 15 米，坝顶高程由 162 米加高至 176.6 米，大坝正常蓄水位由 157 米提高至 170 米，较初期规模增大库容 116 亿立方米，增加防洪库容 33 亿立方米，为南水北调中线工程的顺利实施创造了条件。

丹江口大坝加高工程是对 20 世纪 70 年代建成的老坝进行贴坡加高，由于大

丹江口大坝加高工程开工典礼

坝加高是在初期工程运行使用的条件下进行加高施工,其加高工程规模、大坝高度、技术难度在国内外均属少见,对于大坝加高工程设计施工无专门的技术规定,亦无成熟可供借鉴的经验。为此,中线水源公司组织长江委相关单位科研设计专家攻坚克难,取得一批研究成果,其中部分研究成果属于国内首创并具有国际领先性,对复杂环境下的大坝加高工程设计和施工具有重要的指导意义,提高了我国大坝加高技术水平。这系列技术应用于当时国内最大规模的大坝加高工程——丹江口大坝加高工程的设计与施工,为工程建设质量及施工进度提供了强有力的保障。

## 丹坝"穿衣戴帽"

大坝加高,怎样使新老混凝土紧密相连、融为一体,是加高工程遇到的最大技术难题。在40年前建成的混凝土坝体上贴坡加厚、加高,有人称之为给大坝"穿衣戴帽"。说起来容易做起来难。升级改造丹江口大坝的意义自无需多说,但要在一座已经服役近四十载的老坝上,通过加高培厚浇筑一座新坝,则并非易事。丹江口大坝加高,作为南水北调中线工程关键性、控制性、标志性工程,是国内水电工程加高续建项目中规模和难度最大的工程。无论是施工难度还是技术要求,都是其他任何改扩建工程无法企及的。

首先在施工条件上,大坝加高施工期间,丹江口水库仍承担汉江中下游防洪任务,施工时既要保证工程和枢纽的安全度汛,又要尽量满足枢纽的正常运行,这是一大难点。

其次是技术上的难题更为棘手。给大坝"穿衣戴帽",要穿得合身、戴得稳当,也就是要使培厚加高的新坝体与老坝体有效地融为一体。"这可不像小孩搭积木那样,摆上去就行。怎样使新老混凝土紧密相连、融为一体,这是加高工程遇到最大的技术难题。"长江委科研专家介绍,在40年前建成的混凝土坝体上贴坡加厚、加高,新老混凝土在外部气温作用下,会产生温度应力,对结合面和坝体应力产生影响。如何使新老混凝土能联合受力以保证大坝安全,是问题的核心。

为了跨越这道前无古人的水电建设技术"天堑",中线水源人未雨绸缪,从20世纪90年代就开始组织一系列研究。技术人员在丹江口大坝背水面选择了一段28米的试验坝,先后做了3次新老混凝土结合试验,并在试验坝体内埋设了

南水北调中线水源有限责任公司文化读物

丹江口大坝新老混凝土结合面

258 支仪器，随时监测坝体新老混凝土的结合情况，取得了理想的数据。

通过大量的科技攻关、科学论证和技术试验，科研人员提出"后帮有限结合重力坝加高"的结构设计新理论，通过结合面设置键槽、布设过缝锚杆、严格做好混凝土施工温度控制和施工期混凝土保温，有效保证新老混凝土的良好结合。而溢流坝段堰面则采用以局部宽槽回填为辅的总体方案，并根据各类坝段特点，相应采取不同结合面处理措施及手段。

事实证明，长江委科研设计专家提出的总体方案，不仅解决了老混凝土拆除及控制爆破、炭化层检测及凿除、人工补设键槽施工、混凝土温度控制等技术难题，同时加强了对大坝加高材料、施工工艺及温控、结合面构造、大坝加高前后坝体应力变化过程等技术问题的研究和分析。这项研究的系统性和完备性在世界同类工程设计中尚不多见。

## 大坝滴水不漏

大坝裂缝，一直是威胁大型水利工程坝体安全的一大隐患。为了解决这一问题，中线水源公司在大坝加高工程初期就开展了缺陷检查处理。他们在混凝土施工前对老坝表面进行全面网格化的检查，按坝段、部位绘制裂缝素描图。按缝宽和缝深将裂缝划分为Ⅰ～Ⅳ类，对缝宽小于 0.3mm、缝深小于 1.0mm 的Ⅰ、Ⅱ类裂缝，进行浅层化灌和缝口封闭处理；对缝宽大于 0.3mm、缝深大于 1.0mm 的Ⅲ、Ⅳ类裂缝，进行切槽、嵌缝、埋管、灌浆处理。

在检查中发现，丹坝右 2 至右 6 坝段存在 143m 水平裂缝和其他层间缝，采取上游面详查、坝顶竖向钻孔、孔内录像、注水等综合手段查明裂缝分布、裂缝形态和连通性。采取缝口设嵌缝槽、缝内灌浆、上游面满贴 SR 盖片、外设钢筋混凝土面板保护进行处理，并在裂缝后端设排水孔降低缝内扬压力，改善了坝体稳定条件和压力状态。

3 ~ 7 号坝段纵向裂缝延伸多个坝段，通过坝顶沿缝凿槽和 157m 廊道确定主裂缝和缝口宽度，在下游面分层钻孔检查裂缝延伸状况，孔内录像观察缝宽与深度关系，采取分层设置锁缝锚杆，回填封闭 157m 电缆廊道，缝顶敷设骑缝钢筋和设置应力释放孔，提高坝体整体性，防止裂缝向新浇混凝土延伸。

18 号坝段竖向劈头缝位于坝段中部，自老坝顶下延至 137m 高程，采用裂缝调查、水下录像、骑缝钻孔等手段查明裂缝宽度、深度和走向，采取缝内灌浆、缝口凿槽、嵌缝、表面 SR 盖片和表面盖板保护等措施，并进行缝面排水减压，新浇混凝土布设竖向限裂钢筋网，保证 18 号坝段安全。

丹江口大坝已在高水头下运行近 40 年，而大坝加高后水库正常蓄水位达到 170 米，增加库容 116 亿立方米，超出原有库容的一半。库容增加对大坝底部坝基处的压力要远远大于其他位置，原防渗帷幕能否满足大坝加高后的长期运行要求尚不确定。

▲ 2005 年 11 月 25 日，大坝贴坡第一仓混凝土浇筑

▶ 大坝贴坡混凝土浇筑施工

科研设计人员通过资料收集与分析、现场钻孔检查、现场测试、室内试验、耐久性分析研究，评价了初期工程防渗帷幕的防渗效果；综合室内试验结果，推算水泥灌浆帷幕和丙凝灌浆帷幕的服役年限；综合分析帷幕防渗性能和耐久性，最终确定防渗帷幕需补强的部位、范围及所需工程量。

专家介绍，丹江口大坝水头较高，不同坝段地质情况差别较大，用同样的灌浆补强方法和工艺显然是不适宜的。通过高水头帷幕补强灌浆的调研、分析和现场灌浆试验研究，专家提出了丹江口大坝高水头帷幕补强灌浆的灌浆方法、灌浆材料、灌浆压力、施工工艺和控制指标等，并制定出《丙烯酸盐化学灌浆材料》行业标准。

## 坝体固若金汤

丹江口大坝加高包括河床混凝土坝和两岸土石坝，混凝土坝顶加高 14.6 米，升船机的规模也要由 150 吨级提高到 300 吨级。如此大规模的加高工程在国内尚属首次。那么，加高后的大坝如何保障安全运行？

专家介绍，我国在大坝加高抗震应力分析方面仍处于探索阶段，没有形成系统的理论和方法。要合理模拟新老混凝土结合面及老坝缺陷在地震反应中的工作状况，其初始条件至关重要。因此，在进行地震反应分析之前必须模拟整个静态加载过程，并应用单元生死技术来控制。实现这些复杂非线性特性模拟的计算功能，需进一步开发原有程序。为此，科研设计人员在考虑丹江口大坝老坝体存在裂缝等缺陷的前提下，用非线性有限元方法对大坝加高后的不同坝段在地震荷载作用下进行应力分析，提出了满足大坝抗震安全的技术指标。

此外，为了保障新老混凝土结合的联合受力，在结合过程中，还要控制新老混凝土结合时的热胀冷缩，使变形尽量减小。为此，技术人员在三峡工程混凝土温控二次风冷技术的基础上，创新地提出二次风冷再加冰的方式，成功生产出7℃以下的混凝土，控制混凝土的热胀冷缩，以减少变形，有效地保证了新老混凝土联合受力。

据不完全统计，丹江口大坝加高过程中，根据"丹江口大坝加高工程关键技术研究"课题取得的研究成果，长江委科研设计专家进行了大量的设计优化工作，节省工程投资超过2000万元。其中，系统锚筋布置优化节省工程投资约1200万元，贴坡混凝土浇筑方式优选节省工程投资约300万元，帷幕补强灌浆优化直接经济效益约500万元。

丹江口大坝加高工程是我国水利水电建设史上极其亮丽的一页，无论过去还是现在，都堪称旗帜性的工程。从162米到176.6米，巍巍大坝凝聚着长江委人的智慧与汗水，倾注了中线水源人的赤诚与心血，咫尺匠心，丰碑永铸。

◀ 达到170米设计蓄水位的丹江口水库

◆ 第二篇 底蕴之源

43

# 第二章　民生嘱托

　　一排排草莓大棚反射出耀眼的光芒，一栋栋红顶白墙的小院错落有致……从丹江口水库库区搬出的河南省淅川县九重镇邹庄村，正在筑起一个"大邹庄"新村，这是南水北调中线工程移民新生活的一个缩影。

　　丹江口水库库区移民涉及鄂、豫两省六区（县），搬迁安置人口34.5万人（其中河南16.4万人、湖北18.1万人）。近年来，中线水源公司累计筹措并及时拨付移民资金510余亿元，全力配合地方政府完成移民搬迁安置工作。"丹江口水库移民安置规划任务已完成，移民生产生活条件得到显著改善，文物保护工作取得了丰硕成果，移民档案管理措施有力，能够满足查询利用需求。验收委员会一致同意南水北调中线工程丹江口水库移民通过总体验收。"2021年9月，水利部验收委员会对南水北调中线工程丹江口水库移民安置工作给予高度评价，同意

▶南水北调中线工程移民新村——邹庄

该项工作通过验收。

从 20 世纪 90 年代开始，到 2021 年移民工程通过验收，为了给移民一个新家园，中线水源人几十年如一日，组织协调，克难攻坚。

## 倾心绘就"设计图"

移民，自古以来就是决定工程成败的重要因素。在南水北调中线大坝加高工程论证之初，库区移民就是一个绕不开的话题。

丹江口水库移民是南水北调中线工程又一道举世瞩目的难题。淹没多少房子、多少地？能否搬得出、安置好？要回答这些问题，得从精益求精的库区淹没实物指标调查做起。

早在 1990 年，长江委就开始开展丹江口大坝加高水库淹没实物指标调查及移民安置规划。十几年间，调查人员顶风冒雪，白天进行外业调查，晚上回到驻地还要整理资料、处理数据，一般每天从早晨七点工作到晚上十点以后，有时为保证第二天的工作，一直忙到凌晨两三点。

库区淹没的村组大多处在沟汊之中，集中居住地大多在两山之中的平地，60% 的调查人员都住在船上，生活起居、整理资料全在阴冷潮湿的船舱里。男职工往往一二十人打通铺睡下层舱，女职工睡上层舱，船上潮气大，早上起来，被子、鞋子都湿了，吃住在船上的调查人员都戏称自己当了一次"渔民"。

有位同志打青霉素过敏，差点连命都没保住，但身体刚好转，又马上投入工作；有的同志有糖尿病，有的胃病严重，有的把腰摔伤了，都来不及及时治疗，坚持工作；有的还从武汉带一大箱中草药到调查现场，边熬中药治疗边工作。

2003 年 4 月，长江委基本完成淹没实物指标调查外业工作，提交了《丹江口水利枢纽大坝加高工程初步设计阶段水库淹没实物指标调查报告》，并于当年 7 月通过了水利部水利水电规划设计总院（简称"水利部水规总院"）组织的专家审查，为国家决策交上了一份满意的答卷。

2005 年底，中线水源公司组织编制《南水北调中线一期工程丹江口水库建设征地移民安置初步设计阶段规划设计大纲》并通过审查。通过与国务院原南水北调办主管业务司沟通，与两省移民机构协调等，中线水源公司很好地将各方意

▶河南省南水北调丹江口库区试点移民搬迁启动仪式

见和建议集中到规划报告的编制中，不断修改完善。

因南水北调中线工程建设需要，丹江口水库经济社会发展受限，库区移民急切盼望工程早日开建，搬迁后才能尽快加入社会发展大潮，库区区域经济也能很好发展。这一点，项目法人深有体会。

中线水源公司配合地方政府的呼吁，以国家大局为重，切实地组织设计，汇集政策范围内有利于移民群众、有利于经济社会发展方面的建议予以考虑。

由于时间的推移、物价不断变化，造成水库征地移民投资一再追加，国务院原南水北调办及时决策，启动库区移民试点工程，先期开展库区2万移民搬迁安置工作，以观实效。

中线水源公司及时组织设计单位编制库区移民试点规划报告，与省级移民主管机构沟通协调一致后确定方案，短期内拿出报告，组织专家及省、市、县多方进行审查，并修改完善上报。此外，还督促设计单位分批按期提交初步专题报告，分批组织审查并上报；2008—2010年，历时3年完成初步设计报告的编制、审查和报批，到2010年10月整个库区初步设计报告获得国家批复，投资概算落定，共完成规划报告全套413本（册）。补偿投资很好地反映了丹江口库区移民工程补偿的标准和水平，也切实地反映了移民群众的实际利益，为移民迁建后生产、生活水平的恢复及发展致富提供了良好的保障。

据统计，中线水源公司在前期工作管理中形成坝区征地移民初步设计报告10本（册）、库区试点移民报告65本（册）、总体可行性研究中征地移民等部分4册、水库征地移民报告413（册）及水库环保水保初步设计18（册），对每个阶段与每份报告分专业开展大纲编审，交流研讨设计中出现的问题，组织各项专题报告初审，参加各种批复的审查并按审查意见组织设计单位完成终审报告提交，累计发出任务委托文件30份，组织召开相关会议50次，参加相关会议200次……中线水源公司在各个时间节点从安排布置到统筹推进，从各方利益协调处理到资源调配，以"无我"初心践行着"有我"担当。

## 凝心擘画"安居图"

为验证丹江口水库移民规划的正确性和移民实施的可行性，2008年，国家原南水北调办决定开展库区试点移民（其中河南、湖北各搬迁移民1万人）。此后，中线水源公司立即组织设计单位完成试点移民报告的编制。2008年10月报告批复后，他们及时商河南、湖北两省移民机构签订任务和投资包干协议，筹措资金并及时拨付，使得试点移民迅速得以搬迁安置，为后续的大规模移民搬迁积累了很好的经验。

随着2009年试点移民开始，新问题不断产生，如库区出现的典型价差问题。由于经济发展，当年各种物价上涨过快，导致移民实施搬迁难，地方政府作为实施的责任主体叫苦不迭。随着两省移民大

南水北调中线水源工程移民搬迁车队

第二篇 底蕴之源

规模的开展，安置地房建及基础设施建设对人工和材料爆发性的需求大增，造成人工和材料的价格大幅度上涨，国家批复的移民投资标准出现较大的突破，安置地（涉及两省共50个区县的移民安置点）政府均出现资金不够的问题。

按照上级指示，中线水源公司迅速组织设计单位编制《南水北调中线工程丹江口水库移民房屋及点内基础设施补偿投资价差分析报告》并审查上报，获得批复后，增加了价差投资13亿元，很好地解决了地方政府在移民安置实施中的难题。

针对资金暂时未到位而引起的支付空当，中线水源公司利用其"企业"身份的优点，及时启动银团贷款程序，先后贷款近60亿元，保证了移民搬迁实施进度。特别是在库区大规模移民外迁搬迁的2011年、2012年，公司每年保证资金需求近200亿元，使得地方实施资金充裕有保障，工作得心应手。

湖北库区内安移民数量大，在内安移民居民点建设过程中产生的大量高切坡和高填方等危及移民群众财产和生命安全的问题，配合地方及时进行调查并反映，组织设计单位做好调查分析，在纳入新增投资计划后，及时组织编制相关规划报告、开展初审并上报。2013年12月，相关规划得以批复，增加投资56048万元，很好地保证了内安移民群众财产和生命安全，维护了库区的稳定。

南水北调中线工程关键在工程建设，成败在水质保护，难点在移民安置。丹江口水库移民搬迁任务基本完成后，随着水库蓄水，水质保护成为各方关注的焦点。库区清理是保证水库水质安全的重要措施之一，为全面完成库底清理任务，防止清理过程中产生二次污染，2012年5月，中线水源公司委托设计单位根据国家有关法律法规、技术标准，结合丹江口水库实际，编制了《南水北调中线一期工程丹江口水库库底清理技术要求》，审查后上报国务院原南水北调办，6月获批复，为整个丹江口水库库底清理工作提供了技术依据和清理要求。

鉴于两省的库底清理实施方案出台和清库工作启动后库底清理工作量和投资变化很大，国务院原南水北调办10月召开库区移民进度会，对清库提出新要求。中线水源公司及时组织设计单位按照初步设计阶段要求深度编制库底清理规划专题报告，并组织专家审查后上报。2014年，专题报告获国家批复，增加投资18726万元，解决了库底清理的资金缺口，很好地保证了库底清理工作的质量。

在征地移民实施过程中，中线水源公司参与征地移民实施进度和质量检查等工作，提供配合和服务累计 100 余次。与河南和湖北两省签订了库区移民试点包干协议、分年度库区征地移民包干协议，并向两省提交总包干协议文本。

按照相关规定，中线水源公司还负责完成丹江口水库移民规划中非地方项目的迁移复建。在做好两省移民搬迁配合的同时，公司与非地方项目责任主体签订包干协议，分别完成规划报告中涉及淹没库区水文监测设施、大地测量设施的迁复建并及时恢复功能。

中线水源人心怀安迁移民民生急盼，攻坚克难，倾力推动，"安居图"上一个个项目落地"生长"，移民迁建提速"主旋律"铿锵奏响。

## 精心守好"责任田"

丹江口库区土地征用线库岸长度达 4654.8 千米，而移民迁移线库岸长度达 4711.3 千米。按照水利工程规范，需埋设库区建设征地永久界桩，任务量巨大。

为守好库岸"责任田"，中线水源公司先后组织编制《丹江口水库库区建设征地永久界桩测设技术大纲》并进行审查，在 2 个多月时间内，完成了 18502 座永久界桩、24 座水位标志牌、22134 个界址点的埋设和测绘工作，在为地方库区移民自验提供边界依据的同时，也有力满足了工程完建后水库运行管理和库区经济社会发展需要。

◀ 湖北省南水北调丹江口库区移民新村之关门岩村农业产业园

▶ 南水北调中线丹江口核心水源区湖北省阳西沟村移民生活蒸蒸日上

　　按照《中华人民共和国环境保护法》和相关移民设计规范的要求，中线水源公司在水库蓄水前必须对库底进行清理，特别是丹江口水库作为南水北调中线水源地，为了保护水源地的水质，库底清理则更为严格。

　　但是，南水北调移民涉及湖北、河南省6区（县），如果在地方实施移民搬迁过程中，没有一个统一的标准和技术要求，相关省则无法统一实施。在和各方进行了充分沟通后，中线水源公司承担组织编制了统一库底清理标准和技术要求，为两省编制实施方案提供了技术支撑。

　　不仅是库底清理的统一标准，中线水源公司还配合两省着手处理了蓄水后可能引发的地质灾害，布置监测、预警和防治工作。公司针对水库可能导致的水库地质灾害情况，在初步设计批复投资概算有限的情况下，委托设计单位对水库地灾进行勘察，按照"以人为本，坚持技术可靠、经济合理、监测优先、轻重缓急、分步实施"的原则，编制地质灾害监测防治近期实施设计报告，并组织审查、修改完善后上报。根据库区初步设计的首批地质灾害防治项目，公司于2013年分别与两省签订了任务和投资包干协议，其中库区地灾监测工程设置监测点共计45个（其中湖北31个、河南14个）。库区监测系统已于2014年6月建成并开始编报监测月报。

　　为了给移民一个美丽的新家，中线水源公司还在库区环境保护、水质监测等方面动足了脑筋。公司承担着水质监测站网建设、鱼类增殖放流站建设及环保可行性研究课题的研究，涉及金额近1亿元，通过公开招投标，选定施工单位、监理单位及课题研究单位，按期完成了建设任务和课题成果，水质监测站已建成投入试运行，鱼类增殖放流站开始着手建设，科研课题成果全部上报，一些科研成果已在库区环境保护工作中得以应用。

自1990年启动丹江口大坝加高移民安置规划工作至今，转眼已经30多年。为了一库清水畅游进京，为了34.5万移民"搬得出、稳得住、能致富"，中线水源人还在源头坚守，践行着"绿水青山就是金山银山"的发展理念，而筑巢新家园的移民，则带着故土之恋和家国梦想在这片新热土上继续拼搏奋斗……

# 第三章　收官迎考

11月18日，在2021年日历上，不过是极其普通的一天。但对南水北调中线水源工程来说，这一天具有别样的意义。

"两个设计单元工程通过完工验收，标志着南水北调中线水源工程进入了运行管理阶段。"水利部副部长、验收委员会主任委员刘伟平在验收会上的总结讲话，意味着北方人民的"大水缸"以优异成绩通过大考，进入一个新的历史时期。

成绩得来不易。从2005年丹江口大坝加高工程浇筑第一仓混凝土，到2013年大坝176.6米浇筑到顶；从2014年一脉丹水从陶岔奔腾北上，到2021年丹江口水库首次蓄满170米水位，这条看似简单的时间线背后，是中线水源公司16年攻坚克难的足迹。在长江委的坚强保障下，16个寒来暑往，中线水源人一路艰辛一路歌，服务于南水北送这一国家重大战略，坚守了一库清水惠京津的初心。

▶ 南水北调中线一期工程丹江口大坝加高工程、南水北调中线水源工程供水调度运行管理专项工程通过设计单元工程完工验收

## 举全委之力，下好验收"一盘棋"

"叮——"11月1日，长江委副主任、南水北调中线水源工程验收领导小组组长吴道喜的手机响起了信息提示音。他掏出手机，屏幕上跳出一条消息：南水北调中线水源工程验收工作月报。

中线水源公司时任领导班子"挂图作战"扎实推进工程验收

"10月25—28日，水利部南水北调规划设计管理局组织进行技术性初步验收，验收合格。目前正在按照验收报告进行问题分解，整改落实，积极做好迎验各项准备工作。"这是验收前的最后一期月报。2019年6月，长江委成立南水北调中线水源工程验收工作小组，由委领导担任组长。每月一次的月报，定期汇报工程尾工建设和验收的进展、重点和难点。持续两年半之后，终于尘埃落定。

这样的月报，还同时发送给长江委11个相关单位和部门负责人，作为验收小组成员，他们在验收准备中需要随时提供各方面的技术支撑。

28期月报，记录了水源工程验收的每一个重要节点，串联出工程验收的一路艰辛，更见证了长江委举全委之力，只为下好验收"一盘棋"。

时间退回到2019年初。一纸红头，从水利部办公厅下发至长江委，要求2021年底必须完成南水北调中线水源工程完工验收，2022—2025年，完成南水北调中线工程全线竣工验收。

面对这个与民生密切相关的国之重器，长江委慎之又慎。2019年2月，委党组交给中线水源公司一个重要任务：全力以赴，做好工程完工验收。

时任中线水源公司领导王威立即组织召开验收工作会议，听取公司班子及相关部门负责人情况汇报，找准验收工作的难点和堵点，细致梳理，逐一解决。

"设计单元完工验收之前，要完成合同验收、5个专项验收、项目法人自验、技术预验收等环节，这些工作环环相扣，一步卡住，下一步就不能进行。"谈到验收过程，时任中线水源公司副总经理汤元昌娓娓道来，如数家珍。他于2004年参与了中线水源公司的组建，亲历了丹江口大坝从162米浇筑至176.6米的全过程，加高大坝的每一块混凝土体，都长在他的心里，融入了他的血脉。

从2005年大坝加高开始到2019年4月，近600份合同及200份补充协议，仅验收不到40%，要在最短的时间内完成超60%合同验收，光看工作量就让人捏了一把冷汗。但严峻的考验还不仅是海量工作，合同变更补偿索赔，更是验收中的"堵点"。

"大坝加高工程中左、右岸主标合同是2004年签订的，至今已过去十五六年。这么长的历史时期，受设计变更、物价、人工及工程量等因素的影响，承建方提出索赔要求，也是情理之中。"中线水源公司计划部主任郭武山介绍，争议集中的焦点在左、右岸标合同的赔偿金额，尤其是右岸主标，乙方提出的赔偿金额巨大，远远超出公司领导的预期。

为此，2019年4月，王威带队，汤元昌、郭武山等随行，赴西安与承建方董事长就变更赔偿事项展开谈判。尽管王威动之以情，晓之以理，并争取到上级领导的全力"助攻"，但过程依然胶着，对方以退为进，谈判异常艰难。

这样的交锋开展了4次，直到2020年5月，经过不间断的沟通协调，承建方负责人一行赴中线水源公司，终于一揽子解决了右岸标合同的变更索赔问题，并将索赔金额缩减为乙方要求的1/10。

2020年6月，在全委一盘棋的合力布局下，全体中线水源人勠力同心，合同验收完成接近100%，为工程完工验收奠定了坚实的基础。

## 攻坚不停歇，"赶考"之路多崎岖

在丹江口工程展览馆，有一幅黑白照片直抵人心。一名赤膊男子和一名身着土布衣裤的女性，分别带领着男、女两支队伍，挑着土块，负重前行。图片说明为：穆桂英排和武松排开展挑土比赛。这幅照片的拍摄背景是20世纪50年代丹江口大坝修建现场。在那个技术落后、国力衰弱的年代，伟大的中国人民采用肩挑背扛的人海战术，最终丹江口大坝拔地而起，他们成为中线水源的奠基人。

半个多世纪过去，我国科技发展日新月异，这样原始的筑坝方式早已成为历史。但在后来的大坝加高、运行管理工程中，一代代中线水源人很好地传承了前辈心中有灯、眼中有光的坚韧和果敢，不断攻克南水北送的一条条天堑。大考在即，在工程验收中，面对细碎繁复的资料收集、浩如烟海的档案文件整理，中线水源人再度将前辈精神发扬光大，凝心聚力，砥砺前行。

"专项验收包含五个方面的内容，分别是水保、环保、消防、移民和档案专项验收。"在验收中一直负责各部门调度协调工作的时任中线水源公司办公室主任曹俊启对验收的难点历历于心，"工作量最大、涉及内容最多、验收最困难的，要数档案验收。"

有这样一组数据，从客观角度验证了这一说法：1.2万卷档案、13.8万条目录、

120 多万页文件资料，要在不足两年内完成。如此巨大的工作量，使"档案"这两字，一度成为中线水源公司全体职工的工作重点。

　　"2020 年初，新型冠状病毒肺炎疫情突如其来，耽误了我们宝贵的 3 个月时间。为了赶进度，2020 年 8 月，工作人员全体集中在松涛山庄，没日没夜地整理档案。"中线水源公司副总工程师李方清负责"三集中"时期的档案整理工作，那段时间的酸甜苦辣，也成为他最深刻的记忆，"因为人手紧张，同时因为档案整理的专业性太强，长江委网信中心档案处处长王小牛经常带队来支援，不仅指导工作，还参与到我们的整理过程中。此外，长江水利水电开发集团（湖北）有限公司下属扬子江工程咨询公司也集结了董培基等 30 多人的队伍，和我们一起搞档案。"高峰期，60 多人的档案整理队伍，让李方清捏了把汗，"不论是人还是资料，都不敢有一点闪失，所以我每天都盯在那里，整整三个月啊！"

　　档案整理，也是时任中线水源公司副总经理李飞心中时时惦记的一件大事。为此，他几乎每天都会到项目部报到，检查档案整理"日日清"是否完成。

　　为使工程验收工作开启"加速度"、步入"快车道"，王威率人制定目标进度横道图和管理拓扑图，倒排工期，明确任务，将责任细化分解到人并实施目标考核；为做好验收工作保障，中线水源公司副总经理王健狠抓疫情防控，落实防疫预案、全员疫苗接种和核酸检测；为保障"人人都是档案员"的整理质量，汤元昌牵头编写分类系统和"档案整理十步工作法"，让不懂档案的同志能按图索骥，实现准确归类整理。为打好这场"攻坚战"，公司领导和部门领导逐级下沉、现场坐镇，为验收工作进度加油鼓劲，为工作人员排忧解难；公司全体档案验收工作人员在千方百计、全力以赴抢时间、赶进度的同时，始终将"一纸虽轻，一旦入档，重若千斤"压在心头，认真对待手头上的每一个数据、每一张图纸、每一份文件，确确实实地保障了档案的质量。

　　以完备的档案为补充，由工程部、库区管理部负责的环保、水保、移民等专项验收同步开展，圆满结题。

## 兰台筑堡垒，"数字大坝"写传奇

　　2014 年 12 月，一江清水奔涌北上，唱响了丹江口大坝加高工程的赞歌。作

中线水源公司党员干部积极践诺"党旗在验收工作中迎风飘扬"

为工程安全运行的重要支持，工程档案在工程开工后不久就被提上议事日程。而以档案为基础、以数字孪生为统帅修建的"数字大坝"，成为验收工作中的另一大亮点。

"要充分认识中线水源工程验收工作的重要性，按时保质完成各项验收工作，为中线水源工程画上圆满句号。"2020年12月，长江委副主任、南水北调中线水源工程验收领导小组组长吴道喜在丹江口大坝加高设计单元工程档案验收前提出明确要求。

随后，中线水源公司以"建精品工程，交优质档案"为目标，第一时间成立以公司主要领导为组长，公司各部门及设计、施工、监理等单位负责人为成员的档案工作领导小组，建立"统一领导、分级管理"的组织体系，持续推动档案管理体系建设。时任中线水源公司总经理王威更是在"把脉"档案验收工作的重难症结后，对档案验收全体工作人员开出"各司其职、全力以赴、逐一销号、问责追责"的四个"处方"。

2020年初，面对新型冠状病毒肺炎疫情严重影响档案验收工作进度的突发情况，"任务不减、目标不变、质量不松、时间不延"成为中线水源人重担在肩、背水一战的铮铮誓言。中线水源人将先锋堡垒筑在了这个时间紧、任务重的"战场"上，遇山开山，遇水架桥，啃下了一块块"硬骨头"。

堵点就是转折点。为降低防疫形势变化等不可控因素影响，缩减验收工作的时间和空间，中线水源公司因时制宜，自主创新开发"南水北调中线水源工程档案数字化验收平台"，将档案资料100%电子化入库并采用全文数字化管理，通过这个系统，专家足不出户就能对档案资料进行一一查验，"见屏如面"地指导验收工作，打通了档案验收的"最后一公里"。2021年10月，该平台在运行管理系统工程设计单元工程档案验收中实现了数字化线上检查评定功能，这在南水北调工程验收工作中尚属首次，获得了水利部验收组专家的高度肯定。在疫情期间立下汗马功劳的在线档案验收数字化平台，更为下一步丹江口大坝数字孪生建设奠定了基础，为实现智慧水利提供了支撑。

首次开展档案全文数字化管理，首次在验收中实现文件级实时检索，首次实施档案在线验收……多个"首次"，为中线水源人"创一流档案，为一流工程管理服务"的决心写下了生动注脚。

而"科技赋能"的档案验收工作还远不止这一项，中线水源公司从第一个设计单元工程——丹江口库区移民安置工程起，就在档案的数字化管理方面下足了苦功。

丹江口库区移民安置工程范围广、情况复杂，涉及搬迁安置人口共计34.5万，四年任务，两年完成，年搬迁强度在国内和世界上创历史纪录。为将这首恢

▶ 中线水源公司自主研发的南水北调中线水源工程档案数字化验收平台

弘的移民"史诗"完整地呈现，中线水源公司主动与湖北、河南两省联动协作，将百万档案数字化，建立丹江口水库移民信息系统，对两个省6区（县）的40个乡镇移民安置的档案进行系统管理，在线对档案归档情况及时监督检查，按月编制工作简报，严格执行"档随事走、档随人走"。

在确保实体档案安全与信息安全的前提下，中线水源公司依托前期档案全文数字化基础，先后构建档案信息管理系统、档案云存储系统、声像档案网站，持续推进数字化档案馆建设，不仅实现百万卷档案的数字资源共享及"收、管、存、用"一体化管理，而且正逐步实现档案管理系统与其他业务系统的无缝集成。最终，这些海量的数据将幻化成无形的"数字大坝"，忠诚捍卫国之重器的运行管理。

16年筑一梦，中线水源人以实际行动实现了京津冀豫人民对"喝好水"的强烈渴求。验收是一个新的起点，为了应对华北地下水超采，为了生态环境的复苏，为了长江大保护的重大战略，中线水源人再启征程。

第三篇

臻善之源

# 第一章 净水流深

## 第一节 源清如许

在陶岔渠首，一股清流喷涌而出，沿着总干渠蜿蜒前行，一路向北。

2014年12月至2022年11月，南水北调中线工程通水近8年来，累计调水超523亿立方米，已成为沿线20多座大中城市、200多个县（市、区）的供水生命线，甘甜的南水滋润着沿线8500多万人。

自正式通水以来，丹江口水库水质长期稳定达到地表水Ⅱ类及以上水质标准。值得一提的是，仅2021—2022供水年度，Ⅰ类水质标准就达145天。

中线水源公司用"守好一库碧水"的使命担当，不仅让清澈、甘冽的汉江水改善了沿线群众生活和沿线省市生态，同时为维护国家水安全、生态安全提供了坚强保障。

### 水中大熊猫"现身"

2018年9月，中线水源公司监测人员在丹江口水库首次发现"水中大熊猫"——桃花水母，它是极度濒危的物种，对水环境要求高。活体桃花水母现身水库，充分佐证了水库水质的安全可靠。

南水北调，成败在水质。丹江口水库水质自通水以来始终稳定在Ⅱ类以上，得益于这群水质监测前沿的"哨兵"，也离不开中线水源公司倾力建成的水质监测保障体系。

中线水源公司水质监测站网中心实验室例行水样检测

走进丹江口大坝右岸水质监测站网中心，可以看到各式仪器设备一应俱全。工作人员介绍，实验室配备了目前国内最先进的水质监测设备，能实现地表水109项全指标监测与评价、污染物定性定量等多项监测。技术人员将采集的水样放入实验仪器，不到30分钟就能自动生成精准数据。

中心实验室可以开展常规项目、生物项目、底质项目、生物残毒项目和109项全指标项目监测。"将采来的水样注入这部原子吸收分光度计中，按下加热按钮，只需30秒就可以鉴定重金属成分。"技术人员介绍。该水质监测中心按照省级水环境监测中心标准建设，能实现库区断面定期监测、比对监测，以及突然性污染事故应急监测等。

在春夏之交，水质容易变化，时常出现藻类增多的情况；在水库中也可能会出现由各种原因引发的突发环境事件。

这些非常态的水质异常情况，都逃不过水库水质监测系统的"眼睛"。中线水源公司的水库水质异常应急监测预案会立即启动，开展应急监测，密切监视水质变化情况，及时向上级单位汇报，并反馈地方环保部门。

如今，中线水源公司监测站网已初具规模，共建设了3个固定自动监测站、4个浮动自动监测站、1个水质监测中心实验室，以及2个移动监测设施，可实现对水质变化及时掌握、快速反应，如同一张看不见形态的触网，严密监测着水

▲陶岔自动水质监测站内景　　　▲丹江口库区浮船式自动水质监测站

库水体的变化。

　　基于这样的体系，南水北调中线工程正式通水以来，丹江口库区水质安全得到了有效保障。"站网建成后，实现了中线水源地水质状况的自动监测和信息及时传输，大幅提高了水环境监测的工作效率，也为管理部门提供了高效、科学的水质决策支撑信息。"时任中线水源公司副总经理齐耀华表示，通过密集的排查机制与自动监测系统，中线水源公司竭力为核心水源地提供全方位立体化的监护，将水污染隐患消除到最低，护佑一库清水永续北上。

▶中线水源公司水质监测站网图

## 人工巡查坚守使命

虽然有了自动监测系统，但是它并不能完全代替人的工作。

曙光初露，中线水源公司的采样人员沿着崎岖的山路，驱车辗转于丹江口水库各主要支流入库口，在不同的入库河流监测断面和水库库湾角落，认真进行人工巡查。像这样的采样监测断面，一共有 32 个，遍布于丹江口水库 1022 平方千米庞大水面的周边。一个 2 人监测小组，通常要 3 天才能全部跑一遍。

◀ 丹江口库区水质断面人工采样

"水体很多水质指标容易变化，为了保证监测数据的准确性和可靠性，要第一时间抓紧处理。"采样人员介绍，按照规范要求，必须在规定时间内将样品及时送回前方实验室进行分析。为此，采样人员需克服恶劣的自然环境、饮食不规律等种种困难。

站在坝顶，碧水浩荡，极目万顷。供水以来，中线水源公司持续组织开展库区巡查，一方面通过巡库向库周百姓宣传，另一方面不断加强对水库消落地的管理，利用空天地一体化手段对消落带利用、库岸安全稳定和水域漂浮物等可能影响水源水质的相关情况进行重点巡查，编制了相应的管理办法，同时与当地政府和上级管理机构沟通，尽全力保护库区安全和供水安全。

◆ 第三篇 臻善之源

▶丹江口库区人工巡查

　　2020年疫情突袭，中线水源人克服交通封闭、人员紧缺等困难，与水质监测项目部多次前往丹江口水库坝上龙王庙、丹库中心、清泉沟等6个断面进行取样和分析工作，在开展地表水环境质量标准基本项目的基础上，增加余氯和生物毒性2项疫情防控特征指标监测，监测结果表明丹江口水库水质良好，未受疫情影响。

▶疫情期间，丹江口水库坝上水质应急监测

　　正是中线水源人十数年如一日对水质的监测，用"一库清水送京华"的使命感，才润泽了北方，彻底改变了一些地区长期饮用高氟水、苦咸水的状况，让更多的人喝上了清甜甘洌的水，提高和改善了民生保障水平，居民的幸福感、获得感增强。

## 汛期力保"一库碧水"

丹江口水库范围广阔，数以万计的居民曾临水而居，库周百姓对于水质的保护意识尤为重要。

2021年，汉江发生近十年来最强秋汛，丹江口水库上游来水迅猛，库水位持续上涨，水源地水质是否安全，备受社会瞩目。

丹江口水库主要入库河流有16条之多，流域水系发达，大小支流达250余条，加上千余平方千米水域面积，确保水质安全的工作难度，不言而喻。

中线水源公司在开展水质监测站网常规监测的基础上，制定了《2021年汛期及汛后蓄水加密库区水质监测实施方案》，及时掌握丹江口库区汛期及蓄水期间水质状况，确保一库清水北送。

"保障供水是责任，也是压力，更是我们的初心和使命，我们必须守护好一库清水。"中线水源公司供水部副主任程靖华说，公司密切关注库区水质变化情况，库内7个自动监测站数据分析频次由每月1次调增为每天1次。同时，增加每3天一次坝前人工监测，所有监测项目均当天形成分析报告并上报。

监测表明，目前南水北调中线工程渠首——陶岔取水口水质保持在地表水 Ⅱ 类以上。

◀ 丹江口水库长期保持水质优良

◆ 第三篇　臻善之源

据统计，2021 年 6 月至 2022 年 4 月，南水北调中线工程累计向北方四省（直辖市）供水超 88.39 亿立方米。2021 年南水北调中线工程超额完成年度供水目标，并创造了年度供水量新高。

顶住了汛期的压力，中线水源人始终坚持活跃在水质安全监测的第一线，让清冽的丹江水从这里奔涌而出，沿着千里长渠一路北上，流过中原、奔入京津，滋养百姓，为维护南水北调供水安全交上了一份优异的答卷！

## 第二节　守护碧水

"要把水源区的生态环境保护工作作为重中之重，划出硬杠杠，坚定不移做好各项工作，守好这一库碧水。"2021 年 5 月，习近平总书记在推进南水北调后续工程高质量发展座谈会上强调。

同年 11 月，水利部依托河湖长制，部署开展丹江口"守好一库碧水"专项整治行动，切实维护南水北调水质安全、供水安全和工程安全，确保"一库碧水"永续北送。

专项整治行动开展以来，中线水源公司在长江委的坚强领导下，高位部署推动、抓好统筹协调、全面排查问题、加强指导督促、严格抽查复核、滚动整改台账，会同湖北、河南两省坚决"守护好这一库碧水"。

### 尽锐出战，共守护水责任

丹江口水库是南水北调中线工程水源地，承担着"一库碧水"永续北送的重要任务。

水利部高度重视此次专项整治行动，水利部部长李国英多次专门作出批示。2021 年 11 月 15 日，时任水利部副部长魏山忠在武汉主持召开专项整治行动启动会，提出明确要求："各地各有关单位要切实提高政治站位，从守护生命线的政治高度，落实责任、迅速行动，保质保量做好排查整治工作。"

在水利部的坚强领导下，长江委高度重视，就专项整治行动工作方案、问题清单、整治标准等进行深入细致讨论，推动专项整治行动的有序开展、稳步推进。

中线水源人深谙"守好一库碧水"专项整治行动的意义。在多个会议上，公司总经理马水山指出：改善库区面貌、保护水库库容、修复生态环境，是贯彻落实习近平总书记关于推进南水北调后续工程高质量发展重要讲话精神的应有之举，也是积极践行习近平生态文明思想的生动实践，对于保障南水北调工程"三个安全"和国家水安全，对于推动新阶段水利高质量发展具有重要意义。

◀ 利用无人机开展丹江口库区水域岸线巡查

守护碧水的重任当前，中线水源公司责任上肩。2021年11月以来，他们在地方自查基础上通过卫星遥感、无人机航拍、现场巡查、实地调查、执法检查等方式，进一步全面排查丹江口库区水域岸线疑似问题点位。

◀ "守好一库碧水"专项整治行动实地调查

突出问题主要包括填库造地、筑坝拦汊、线下建房、涉河项目、网箱养殖、乱堆乱放、餐饮船或筏钓房、大棚种植等多种类型，这些问题对丹江口库区面貌、水库库容、生态环境产生不同程度的不利影响。通过全面排查，长江委以"一省一单"形式将疑似点位清单反馈给湖北、河南两省，指导两省完善问题清单。

经过调查核实，确定涉嫌违法违规问题918个，明确了完成时限和责任人，形成了问题清单、任务清单、责任清单。

行百里者半九十。随着专项整治行动进入收尾阶段，剩下的都是最难啃的"硬骨头"。敢于涉险滩、敢于破难题是中线水源人一贯的作风。2022年5月至7月上旬，中线水源公司对上述两省整改不到位的问题再次进行现场督导，坚决以"硬杠杠"守好一库碧水。

## 铁腕执法，构筑人水和谐画卷

"5、4、3、2、1，起爆！"随着指挥员一声令下，只听"轰隆！"一声震天响，水面飞溅起大片水花。不远处的拦河大坝里，猛然间腾起多股高低不等的白色烟柱，一道黑梁子瞬间淹没在这白雾里。

2022年3月8日上午，河南省南阳市淅川县"守好一库碧水"专项整治工作现场推进会在马蹬镇崔湾村召开，当场对该村长达139米的非法筑坝建筑进行爆破拆除。

▶ 中线水源公司督促地方政府爆破拆除违法拦汊筑坝工程

爆破位置旁边是当地一个经营数年、生意火爆的农家乐。为了拆除该违建农家乐，马蹬镇人民政府工作人员数次登门劝说，"见多识广"的老板以为是走走过场，并未当回事。当得知违建必须按期拆除时，老板恼羞成怒，扬言"谁敢动一下，就要谁好看"，甚至打电话恐吓拆违的干部。

彻底拆除非法筑坝、农家乐，向库周各地发出了"不获全胜、决不收兵"的坚定信号。通过牢牢把握"守好一库碧水"专项整治行动这一契机，中线水源公司以问题为导向、以措施为抓手、以成效为目标，紧盯丹江口库区管理保护突出问题，严格规范涉库涉水秩序，严厉打击各类违法行为。

2022年6月，在中线水源公司的协调下，湖北省丹江口市和河南省淅川县共同开展了丹江口库区跨省界跨区域联合现场执法，进一步巩固"守好一库碧水"专项整治行动成果。

船行至丹江口市丹赵路办事处羊山村与淅川县香花镇雷庄村的河南、湖北交界水域，执法人员再次看到了"老熟人"鱼老板。

"遇到河南执法人员，就声称是湖北来的，遇到湖北执法人员，马上改口自己是河南的。"据现场执法人员介绍，该养鱼户常年在库区网箱养鱼，专项整治行动以来多次跨省拖动网箱以逃避执法。

"鱼很久没喂了，这几千斤卖完就上岸回家。"面对联合执法，鱼老板假装"服了软"。执法人员却在另外一条船上发现了大量饵料："必须拆，24小时之内把鱼处理完毕，网箱不准拖走，原地保留等待我们明天来拆除！"

随着专项整治行动向纵深推进，人水和谐的画卷在一次次铁腕执法中逐渐显现：丹江口市石鼓镇玉皇顶村筑坝项目涉及九连坝，单个坝长为50~500米，共清理弃土弃渣30万立方米，恢复水面面积约240亩（1亩=0.067公顷）；张湾区黄龙镇1处问题就拆除蔬菜种植大棚266个，恢复库岸面积5.32万平方米；淅川县马蹬镇寇楼村大闸蟹基地，拆除蟹塘60多个，恢复水面面积约1140亩。

截至2022年7月上旬，湖北、河南两省共完成问题整改890个，累计拆除违法违规建构筑物23.41万平方米、网箱2.44万平方米、拦网22.92千米、堤坝24.53千米，恢复岸线22.90千米、防洪库容1449.81万立方米，复绿库岸82.13万平方米。

▶2022年，中线水源公司与丹江口库区6区（县）协同管理试点工作实现全覆盖

"守好一库碧水"专项整治行动全面改善了库区水域岸线面貌，有效保护了水库库容，有力修复了库区水生态环境，切实维护了南水北调中线工程安全、防洪安全、供水安全和水质安全。

## 第三节　生生不息

增殖放流，就是采用人工方式，通过放流、底播、移植等方式，向海洋、江河、湖泊、水库等天然水域投放水生生物苗种或亲体。

20世纪七八十年代起，我国各地即出现自发的增殖放流行为，但其规模与影响有限。进入21世纪，江河湖海鱼类资源衰退的形势日趋严峻，渔业科学家们建议加大增殖放流力度，以恢复和补充水生生物数量、改善和优化水域群落结构，进而改善水域生态环境，同时促进农渔民增收，一举多赢。

2017年，中线水源公司丹江口库区的鱼类增殖放流站建成，目前是中国人工放流规模最大、增殖放流种类最多的淡水鱼类增殖放流站，为生态长江写下了浓墨重彩的一笔。

## 人工繁殖多种类育苗

共抓长江大保护，是一项庞大的系统工程。渔业捕捞等生产活动从长江中退出，为水生生物提供了休养生息的宝贵机会。与此同时，划定鱼类自然保护区、开展人工繁育与增殖放流等一系列举措，建管并重，才能切实维护长江水生生物多样性。

每年隆冬时节，增殖放流站的工作人员都会到汉江流域沿线选购优质种鱼。经打标等预处理后，放入种鱼驯育池进行驯育，使其快速适应丹江口水库的周边环境。到了初夏时节，他们扮演着更为柔情的角色——为"鱼妈妈"助产，也就是对种鱼进行人工繁殖与催产孵化。

占地73亩的丹江口库区鱼类增殖放流站，建设有64个各类养殖池，其中12个种鱼驯育池，12个放流苗种大棚培育池，40个放流苗种露天池。

一般养鱼场140平方米的水池，大约可养鱼1000尾；而增殖站工作人员通过高密度养殖，同样大小水池可养鱼约10万尾，是一般养鱼场的100倍！

2015年12月，为保护水生生物资源、改善水域生态环境，国家批复了南水北调中线一期丹江口水库鱼类增殖放流站项目，通过人工繁育技术减少工程对生态的影响。

数年来，在各方的支持下，中线水源公司完成了全循环水养殖的鱼类增殖放流站建设及试运行。转入正式运行并逐步达产后，这里每年将增殖放流规格为4~15厘米的青、草、鲢、鳙、鳊、鲂、中华倒刺鲃等13类鱼种共325万尾鱼苗，可有效修复丹江口水库的水生生态。

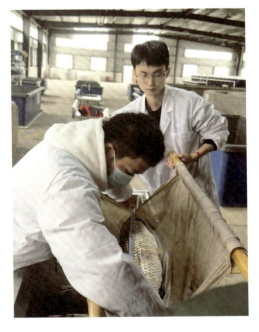

▲增殖鱼类亲本遗传档案标记

◆第三篇 臻善之源

## 增殖放流改造水生态

习近平总书记强调："人与自然是生命共同体，人类必须尊重自然、顺应自然、保护自然。人类只有遵循自然规律，才能有效防止在开发利用自然上走弯路。"在新时代坚持"生态优先，绿色发展"，必须要正确处理好鱼水关系，加快恢复江河湖海的鱼类资源。

丹江口库区增殖放流站每年孵化放流320余万尾鱼宝宝，对修复丹江口水库生态具有重要作用。

多年来，中线水源公司采取多项措施，积极修复水生态环境和改善水生生物生境。2011—2018年，运用三峡水库进行11次生态调度试验以促进"四大家鱼"自然繁殖；2018年4月，在金沙江中游首次开展万尾圆口铜鱼增殖放流；2018年5月，在汉江中下游首次探索专门针对鱼类产卵的梯级生态调度……

"我宣布，南水北调中线水源地丹江口水库首次鱼类增殖放流活动开始！"2018年10月，长江委在丹江口库区首次实施增殖放流。随着时任长江委党组成员、总工程师金兴平话音落下，12万尾鱼苗跃入丹江口库区广袤碧蓝的水面，振鳍游弋，就此归江。

这是长江委携手农业农村部长江流域渔政监督管理办公室，陕西、河南、湖北三省水利厅"共抓大保护"的生动实践，也标志着这一由中线水源公司负责的

▲2021年12月，丹江口水库鱼类增殖放流活动现场

生态补偿项目迈入正式运营。

2021 年 12 月，随着 80 万尾增殖鱼苗放流至丹江口库区，水库鱼类增殖放流站首次达到年度放流 325 万尾的设计规模。得益于增殖放流活动，丹江口库区水生生物多样性得到提升，水生态环境得到修复，库区水质调节能力得到增强。

"四大家鱼"作为适应长江中下游江湖复合生态系统的代表性物种，其资源动态是长江流域水生态系统健康状况的重要表征。试验结果表明，流域水工程生态调度对促进"四大家鱼"自然繁殖效果明显，流域生态保护取得了良好成效。

## 全循环水工艺保障养殖水质

丹江口水库大坝加高后，蓄水位的提升会对库区郧县（今郧阳区）以上至安康大坝汉江江段产漂流性卵鱼类产卵场产生一定影响。及时采取保护措施，避免相关江段的鱼类资源衰退成为刻不容缓的议题。

俯瞰丹江口库区鱼类增殖放流站，水色连着天色，一口口循环水工艺建设的网箱集中连片，犹如阡陌纵横。

丹江口库区鱼类增殖放流站全景

为深入贯彻习近平生态文明思想，落实环境影响评价要求，推进库区水生态系统平衡的生态补偿项目建设，2017 年建成并投入运行的丹江口库区鱼类增殖放流站里，驯养繁育设施全部采用全循环水工艺，以"零排放、零污染"实现人

工繁育鱼苗和水质保护的双重目标。

根据工作人员介绍，每4个养殖池中间都建设了一个污水处理系统。养殖废水流入沉淀池、物理过滤池、生物过滤池、紫外线消毒池……经层层处理后重返养殖池，实现循环利用，每年可节约用水近10万吨。

对于少量养殖尾水，将其引入增殖放流站末端沉淀池，经沉淀后再用于农业、绿化灌溉，即做到一滴污水也不外排，真正实现了养殖废水"零排放"，保证了丹江口库区水质安全。

中线水源公司还积极联合各方共同保障水质：与农业农村部长江流域渔政监督管理办公室签署《"共抓长江水生态保护 力推美丽长江建设"行动方案》；与陕西、湖北、河南三省协作保护南水北调中线工程水源地；与中国科学院水生生物研究所、农业农村部中国水产科学研究院等科研单位合作提升技术支撑……

针对网箱养鱼，中线水源公司建立巡察机制，对违法养殖等污染水质行为及时进行劝阻和上报。丹江口库区几十万网箱相继拆解上岸，逐渐"清零"，库周转型生态型旅游经济，为保障核心水源地水质扫清障碍。

以水养鱼，以鱼养水，中线水源公司正积极构筑鱼水共欢的生态系统，促进构建人类与自然和谐共生的命运共同体。

# 第二章 源远情长

## 第一节 源水长流

千里长渠通南北，丹江碧水永奔腾。自2004年成立起，"护一泓清水永续北上"就成为中线水源公司不变的信条。大坝加高工程建设管理工作完成后，公司逐渐走上运营管理之路，全力保障足量优质供水，多方协调筹谋、科学调配，"保供水"成为各项工作的重中之重。

南水北调中线工程不间断向京、津、冀、豫四省（直辖市）安全供水，在保障水安全、修复水生态、改善水环境、优化配置水资源等方面，充分发挥出了社会、生态、经济等综合效益。

### 科学调度力保供水

丹江口水库的水量调度与汉江整个流域水资源利用息息相关。"供水管理的首要目标就是保证水量。"时任中线水源公司总经理吴志广介绍说，正式通水后，中线水源公司严格执行水利部和长江委批复的供水计划，每日报送水量和水质数据，确保供水任务圆满完成。

2014年以来，根据《南水北调工程供用水管理条例》和《南水北调中线一期工程水量调度方案（试行）》规定，长江委持续强化南水北调中线一期工程水量调度管理。每年9月底前，统筹考虑丹江口水库蓄水情况、来水预测及汉江中下游用水需求，提出中线一期工程年度可调水量；每年10月中旬，编制完成年度水量调度计划，经水利部审批后下达实施，科学指导年度水量调度工作。

南水北调中线水源有限责任公司文化读物

▶ 汉江流域水量调度计划会商

2020年8月，长江委成立南水北调中线水源工程供水运行保障工作领导小组，中线水源公司作为该领导小组重要成员，定期参与研究部署和扎实推动中线工程供水调度运行、丹江口水库优化调度、大坝安全监测及库区管理、丹江口大坝加高工程验收等各项工作。

为了统筹协调汉江流域防洪、供水、发电、航运和生态用水，中线水源公司根据汉江流域来水预测成果、流域内省级行政区用水需求分析及重要取用水户取水计划，组织编制完成了年度水量调度计划，按月实施监督监管，确保每月水量调度科学合理，从而有效保障了年度供水量。

▶ 陶岔渠首水量调度实时监控

"北调的南水从设计之初的补充水源，正逐渐转变为很多城市的主力水源，干渠沿线城市的用水需求量连年上升，在丹江口水库来水遭遇连续枯水年时，供水压力巨大。"中线水源公司工程部主任王立坦言。

　　2012—2016 年，丹江口水库年均来水约 260 亿立方米，较多年均值偏少三成。在水库来水持续偏枯、供水蓄水形势异常紧张的情况下，为保供水，中线水源公司积极协调电力、航运等部门，主动大幅压减发电量，在维持汉江中下游生态流量的前提下，努力抬升库水位。在满足汉江中下游需求的前提下，通过调整下泄流量、压减用电负荷等一系列措施，确保了中线工程如期通水和正常供水。2018 年，水库首次实施汛期运行水位动态控制，最高运行水位超汛限水位 1.28 米，多蓄水近 10 亿立方米。

　　通水以来，中线水源公司全年持续实施 24 小时供水调度值班，加强水库水雨情预测和研判分析，加密调度会商，做好水库供水计划编报，按供水实时调度流程的规定，严格按照长江委的调度指令及批复的月度供水计划实施水量调度，保障了中线一期工程供水的安全稳定运行，最大限度地发挥了丹江口水库的综合利用效益。

## 汛期中的供水考验

　　2017 年 10 月，汉江流域发生罕见秋汛，丹江口水库连续出现 8 场洪水，入库水量达 243 亿立方米。丹江口水库是中线水源工程的心脏，也是保证供水的根本，供水安全首先要确保水库安全。

　　为了确保丹江口大坝安全度汛和丹江口水库蓄水安全，中线水源公司与丹江口水库枢纽管理单位——汉江水利水电（集团）有限责任公司（简称"汉江集团公司"）昼夜值守、巡查排险。经过两个月的全力奋战，丹江口大坝安全度过秋汛，丹江口水库也首次试验蓄水至 167 米，通过了高水位运行的考验。

　　2020 年，又一个汛期来临！为做好加大流量供水工作，中线水源公司按照水利部和长江委的安排部署，切实做好水库控制运用，加强大坝安全监测和巡视检查，确保枢纽安全运行。中线水源公司密切关注汉江流域雨水情及水库运行情况，逐日滚动水情预报，细化水库调度方案；强化水调自动化系统运行维护，加

强信息报送，安排专人报送水库运行信息及供水信息。

3月13日起，丹江口水库逐步加大向北方受水区的生态补水流量。

3月19日18时，丹江口水库向中线工程供水流量达到陶岔渠首设计供水流量350立方米每秒。为全面检验中线一期工程输水能力和加大流量运行状况，水利部安排部署中线工程继续加大流量输水工作。

4月29日开始，丹江口水库向中线工程的供水流量由设计供水流量350立方米每秒逐步加大。

2020年5月9日至6月21日，通过优化调度，中线一期工程首次以420立方米每秒设计最大流量输水，并借机向沿线39条河流生态补水9.5亿立方米，提升了华北地下水超采综合治理成效，验证了工程大流量输水能力，集中检验了工程质量和运行管理水平。

"中线工程在第六个调水年度就达到最大流量420立方米每秒输水设计目标，是对工程输水能力的一次重大检验，是工程质量稳定可靠和效益充分发挥的重要标志。"据水利部南水北调工程管理司介绍，这次加大流量输水将全面检验中线工程状态和大流量输水能力，对优化水资源配置、提升生态文明建设水平是一次重要实践；不仅是检验中线工程质量和效益的一项有力措施，也是完成中线一期工程建设任务的一个关键步骤，同时还是水利行业全力促进复工复产、保障国家重大战略实施的重要举措。

2020年11月1日，南水北调中线一期工程超额完成2019—2020供水年度水量调度计划，向京、津、冀、豫四省（直辖市）供水86.22亿立方米。这个数

南水北调中线工程服务京津冀协同发展

字超过《南水北调工程总体规划》中提出的多年平均供水量 85.4 亿立方米。这标志着 2020 年中线一期工程运行 6 年实现达效。

水利部对此次加大流量输水给予了高度的评价："中线工程快速达效既充分证明了南水北调工程已成为实现我国水资源优化配置、促进经济社会可持续发展、保障和改善民生、推进生态文明建设的重大战略性基础设施，也展现了南水北调工程国之重器的品牌形象，充分检验了工程质量及运行管理水平，为做好'六稳'工作、落实'六保'任务提供了坚实的水资源支撑。"

## 第二节　润物无声

一路北上，滔滔汉江水沿着南水北调中线干渠跋涉千里，在中华大地上铺展开了一幅史无前例、波澜壮阔的壮美画卷。

南水北调中线工程是解决我国北方地区缺水、优化水资源配置的一项重大战略举措。陶岔渠首多年平均取水量为 95 亿立方米，分别供给河南省、河北省、天津市、北京市。截至 2022 年 11 月，南水北调中线一期工程正式通水以来陶岔渠首调水总量突破 500 亿立方米，沿线直接受益人口超 8500 万人。按照武汉东

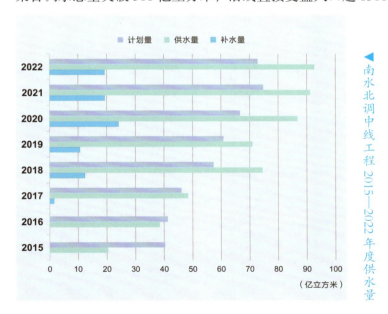

▲ 南水北调中线工程 2015—2022 年度供水量

湖最大容量 1.2 亿立方米计算，丹江口水库累计向北方调水约 417 个武汉东湖，为推动京津冀协同发展、雄安新区建设等国家重大战略实施，以及沿线地区、城市社会、生态、经济效益提供了可靠的水资源保障。

## 一渠清水一城人

中线工程在缓解受水区水资源供给矛盾、提高供水保障率、改善水质、保护生态环境、促进资源节约型环境友好型社会建设等方面，正在发挥不可或缺的战略性基础作用。

平顶山是南水北调中线工程的第一个受益城市。

2014 年夏天，河南省中心部和南部地区严重干旱，特别是平顶山白龟山水库水量持续减少，严重威胁城市供水安全。为缓解旱情，时任国家防总副总指挥、水利部部长陈雷召开专题会议，决定从丹江口水库通过南水北调中线总干渠向白龟山水库实施应急调水。

调水历时 45 天，累计调水 5011 万立方米，有效缓解了平顶山城区 100 多万人的供水紧张问题。在南水北调工程的支持下，平顶山市开始了精准扶贫之路。如今，平顶山市通过大力发展蓝莓产业、迷迭香产业等一系列精准扶贫举措，打开了村民脱贫致富的大门。依托南水，平顶山市焕发出了新生机。

2017 年，平顶山利用丹江口水库秋汛库水位持续上涨时机，实现洪水资源化利用，南水北调中线工程向白龟山水库生态补水 2.05 亿立方米，有效缓解了平顶山市区缺水状况，提升了生态景观效果，为市民休闲娱乐提供了良好的水环境。

▶ 南水北调中线工程保障沿线大中城市供水

河水清、鱼儿游不再仅仅是人们美好的回忆。

随着时间的推移，南水北调中线工程润泽的城市越来越多。不仅是平顶山，河南省南水北调工程沿线的南阳、许昌、焦作、鹤壁、安阳等地，都进行了生态补水。发源于嵩山腹地的颍河，是淮河第一大支流，每年这个季节往往会出现断流现象。通过生态补水，一度干涸的河道焕发了生机。

南水明显改善了沿线城市生态环境。2020年5月初至6月下旬，中线一期工程首次以420立方米每秒的设计最大流量输水，并向沿线39条河流生态补水9.5亿立方米，提升了华北地下水超采综合治理成效。

截至2020年9月底，北京市平原区地下水埋深平均为22.49米，与2015年同期相比回升了3.68米，昌平、延庆、怀柔、门头沟等区的村庄都出现了泉眼复涌。中线一期工程已累计向河南省生态补水23.73亿立方米，通过水资源置换和生态补水，河湖水系生态用水相应增加，各地乘机打造水清、岸绿、景美的宜居环境，促进了地下水源涵养和回升，工程沿线城市地下水位得到不同程度的回升。

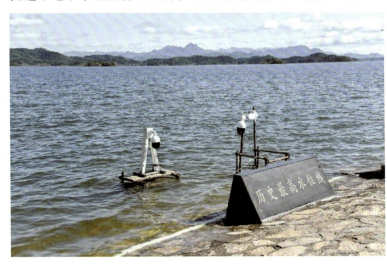

▼ 2021年，北京市地下水位连续6年回升，密云水库突破历史最高水位

### 生态调度为鱼儿助产

水库群联合调度不仅能应对下游的水华风险，或者解决已经出现的水华问题，缓解部分地区的供水问题，而且在生态供水、鱼类繁殖等多个生态保护领域发挥着越来越显著的效益。

汉江作为长江第一大支流，是长江中下游鱼类的重要栖息场所，其产卵场主要分布于汉江中游江段。

2018年，丹江口水库首次配合汉江中下游梯级生态调度试验，通过对丹江口、王甫洲、崔家营、兴隆水利枢纽4个梯级水库实施汉江中下游联合生态调度试验，从6月11日持续到6月19日，结合上游水库消落、区间降雨来水等情况，通过加大下泄流量、人为降低水位、敞开闸门泄洪等措施制造人为洪峰，恢复汉江中下游干流的自然河流状态，为相关鱼类创造适宜产卵的水文条件和环境。

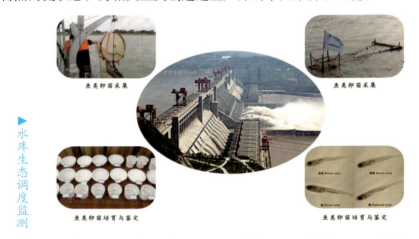

▶ 水库生态调度监测

梯级生态调度就是水库之间"打配合战"，前后呼应、上下配合，恢复河流的自然水流状态，通过创造更自然的水文条件，结合水温和水量、流速等条件，给鱼儿"助产"。

在保障防洪安全的基础上，科学化、精细化的调度试验逐渐激发水库群的生态功能。生态调度对"四大家鱼"等鱼类自然繁殖具有积极的促进作用。

监测显示，2018年6月11—17日，监测到的鱼卵逐步增加，数量几乎每天都翻倍，至17日到达峰值。这意味着汉江中下游梯级生态调度对相关鱼类的产卵具有明显的促进作用。

## 一江清水永续北送

在中华水网分布图上，南水北调是跨流域、跨区域配置水资源的骨干工程，关乎战略大局、长远发展和人民福祉。丹江口水利枢纽拥有得天独厚的地理位置、丰富可靠的水资源及优良的水质，是南水北调中线工程不可取代的水源地。

2018 年 11 月 15 日，时任国家副主席王岐山在湖北调研期间来到丹江口，视察丹江口水利枢纽工程和丹江口水库。在库区考察生态环境保护情况时，王岐山试喝了刚从水库打上来的清水，称赞道："这个水很甜呀！" 12 月 6 日，国务院新闻办公室举行的新闻发布会上，时任水利部总规划师汪安南说："中线水源地丹江口水库的水是一级水，水质非常好。"

南水北调中线一期工程输水水质一直保持在 Ⅱ 类或优于 Ⅱ 类，不仅保障了北方人民饮水安全，也从根本上改变了北方受水区的供水格局。源头导引活水，资源合理善用。通水后，南水北调中线一期工程现已成为北京、天津等多地的主力水源和经济社会发展的生命线。

为缓解北方受水区地下水超采局面，根据水利部工作部署和华北地区地下水超采区综合治理行动方案要求，自 2017 年起，中线水源公司积极配合长江委组织开展了中线一期工程向受水区河湖生态补水工作，根据丹江口水库蓄水情况、汉江流域最新来水预测和各方需求，尽可能加大了丹江口水库各口门供水流量。

2017 年、2018 年连续两年，中线工程利用汛期洪水资源向受水区 30 条河流进行生态补水，累计补水 11.6 亿立方米，沿线河流生态与水质得到改善，河流水量明显增加、水质明显提升，地下水位明显回升，综合效益显著。

2018 年 9 月起，按照水利部、河北省制定的工作方案，中线工程实施华北地下水超采综合治理河湖地下水回补试点工作，向滹沱河、滏阳河、南拒马河 3 条试点河段补水，截至目前补水约 8.3 亿立方米，形成水面面积 40 平方千米，河流重现生机。

2020 年 5 月 9 日 8 时 30 分，陶岔渠首枢纽首次实现 420 立方米每秒加大流量供水，为缓解北方受水区用水紧张局面、改善生态环境提供了水源条件。

2021 年 6 月底，滹沱河、子牙河、子牙新河以及南拒马河、瀑河、白洋淀、赵王新河、大清河两条补水线路共 627 千米河道实现全线贯通，9 月底永定河 865 千米河道实现全线通水。截至 2022 年 6 月底，受水区累计实施生态补水超过 89 亿立方米。

南水北调中线通过生态补水促进沿线河湖生态恢复，同时为华北地区地下水

▶ 生态补水后的白洋淀重现美景

超采综合治理提供重要支撑。河南、河北境内白河、滹沱河、大清河等河流水清岸美，白洋淀水质持续好转，天津市海河水位升高，北京市永定河、潮白河水量丰沛，都离不开南水的"功劳"。

近 8 年来，中线水源工程已成为沿线 20 多座大中城市、200 多个县（市、区）的供水生命线，优化了受水区供水格局，润泽了"干渴"的华北大地，极大缓解了受水区用水紧张局面；补水沿线地下水位明显抬升，2021 年底京津冀治理区浅层地下水位较 2018 年同期总体上升 1.89 米，深层承压水位平均回升 4.65 米，沿线河湖重现生机。该工程还为实施重大跨流域调水积累了宝贵经验，为支撑重大国家战略实施、建设美丽中国提供了坚强有力的水安全保障。

# 第三章　坚守如磐

## 第一节　风雨护佑

汤汤丹水，润泽北国。时至今日，南水已成为京津冀豫沿线大中城市的主力水源。这是世界上规模最大的跨流域调水工程，被誉为"人间天河"的南水北调中线工程所创下的奇迹，也是中线水源工程——丹江口大坝的荣耀。

除了调水外，防洪是丹江口水利枢纽的首要任务。自下闸蓄水以来，丹江口水利枢纽降伏了肆虐千年的洪水，通过水库拦蓄、削峰，结合中下游分蓄洪工程的联合运用，大大地提高了汉江中下游的防洪能力。

### 加高后的首次大考

资料显示，历史上丹江口水利枢纽充分发挥了拦洪削峰作用，累计拦蓄入库洪峰流量大于 1 万立方米每秒以上的洪水 93 次，其中大于 2 万立方米每秒的洪水 25 次，大于 3 万立方米每秒的洪水 4 次，避免了 12 次下游民垸分洪和 34 次杜家台滞洪区分洪，减免下游农田、河滩地淹没损失达 620 亿元。枢纽安全度汛，汉江中下游河道水势平稳，取得了较好的防洪效益。

2013 年大坝完成加高后，历史又翻开了新的一页。对于中线水源公司来说，防汛和蓄水安全是重大的考验。

2017 年，丹江口水库迎来了标志性的时刻：10 月 29 日 2 时水位达 167 米，高于大坝加高前坝顶高程（162 米）5 米，超过历史最高水位（2014 年 11 月的 160.72 米）6.28 米。这是自南水北调中线调水以来，丹江口水库首次实现高水位

运行。

"针对出现的超历史水位可能引发的工程安全问题，公司提前委托长江勘测规划设计研究院编制试验性蓄水的实施方案。"时任中线水源公司副总经理、总工程师汤元昌介绍，"这样一场未经演练的战役，是对丹江口大坝质量的检验，更是对中线水源公司建设管理实力的考核。只许成功，不许失败。"

坝顶、土石坝排水沟、坡面、马道、混凝土坝廊道、近坝区等都要逐个巡视排查，发现异常需要进行详细的现场勘察、分析、对比。巡查带着设备，严格照章办事，循环一次需要6个多小时，之后再开碰头会。外业监测资料完成后，内业还要进行大量的整理，通过数据分析比较判断是否有异常，再决定是否需要上报决策层。

"公司成立了专门的领导机构，包括安全监测领导小组、巡查工作领导小组，从时任汉江集团、中线水源公司党委书记吴道喜到巡查员，每餐都是在坝上吃盒饭，加班连轴转，赶上下雨，浑身泥水，能睡几个小时都是难得。"汤元昌说，"辛苦归辛苦，但大家伙都明白，这是职责所在，一定要守好质量这道安全防线。"

未雨绸缪，有备无患。在水利部、长江委的统一部署和指导下，中线水源公司同汉江集团公司一起，成立了"1+9"的组织机构，通过协调小组、检测组、巡查组、安全分析组等各方技术力量，筑起道道安全防线，全方位无死角关注着

坝顶水平位移观测

◀ 大坝垂线观测

大坝安全，有力保障了水库164米、167米蓄水试验工作的顺利完成。

为保证蓄水期的库区安全，中线水源公司领导多次带队，深入一线库区，不远千里奔忙，对汉江源头区、汉江库区和丹江库区进行全面巡查，下大力气开展了各类调研活动。同时，督促湖北、河南两省移民机构编制完成了库周各县（市）丹江口水库地质灾害应急预案，为水库安全蓄水奠定了基础。

167米，这是一个普通的刻度，但是对于丹江口水库却是一个历史性的高度。这意味着丹江口水库防洪、供水、发电、航运、生态等综合效益能得到更全面的发挥。

时任中共中央政治局常委、国务院副总理汪洋对丹江口水库大坝加高后首次167米高水位运行作出重要批示："十分不易，应予表扬。"大坝安全分析评估报告也指出，大坝工作性态总体正常，水库具备抬升蓄水条件，可按设计工况正常运行。

## 疫情之下保安全

"宁可'十防九空'，也要万无一失。"一直以来，中线水源公司坚持问题导向和底线思维，以零容忍的态度全力排查防汛风险隐患。

2020年入汛后，长江中下游进入梅雨季节，丹江口水库来水颇丰。长江委

▶长江委检查南水北调中线水源工程防汛工作

将长江水旱灾害防御Ⅲ级应急响应提升至Ⅱ级，加之疫情的暴发，这让防汛工作的正常开展困难重重。

无数次的数据分析、无数次的现场踏勘，中线水源公司始终将枢纽安全置于头等大事。从当年4月开始，中线水源公司对清泉沟渠首、陶岔渠首进行了汛前检查，对重点监测的44个地质灾害点实施专业监测和巡视检查。

防汛工作做到未雨绸缪，备而不慌。工程安全监测和巡视检查工作严格按照规程规范和设计要求开展，做到监测项目的全覆盖；按时完成监测月报和巡视检查报告的整编工作；加大、加密库区巡查力度，及时预判影响水库安全度汛存在的问题并协助地方政府做好处置。

复工复产后，中线水源公司克服疫情造成的影响，要求相关单位迅速组织检修力量。当年5月全部按期完成了防汛设备设施检修维护计划，确保了防汛设施设备完好率达100%。

虽然疫情风险高，但是每周的例行安全检查依然没有中断。中线水源公司工程管理人员带领施工人员从左岸到右岸，从土石坝到混凝土坝，仔细地检查，不留任何死角，不放过一个隐患。其实，这样的检查从大坝加高工程开工以来从未中断，他们已经坚持了13年，大雪大雨大风等极端气候时他们也没有丝毫放松，正是这样严格的检查保证了工程运行的安全。

为了提高防洪抢险应急处置能力，各类应急演练轮番上演：深孔启闭故障应急处置演练，检验了深孔泄洪系统的协同性、完好性，以及启闭机远程集控系统运行的稳定性；防汛备用电源倒换应急演练，检验了防汛设备供电的可靠性；安全监测自动化系统故障应急演练，提高了工作人员现场处置能力；水质异常应急监测演练，提高了整体应急监测的反应能力、指挥水平和实战能力……

以万无一失防止一失万无。这些应急演练，使中线水源公司无论是在面临疫情还是遇到秋汛之时都应对有策、从容不迫。

◀ 防汛应急演练

## 蓄水 170 米：地面干燥

2021 年 8 月，汉江流域遭遇近十年来最强秋汛。8 月下旬以来，丹江口水库已经连续发生 7 次入库洪峰流量超过 1 万立方米每秒的洪水过程，其中 9 月 29 日入库洪峰流量达到 2.49 万立方米每秒，为 2013 年丹江口大坝加高以来最大入库流量。

2021 年 10 月 10 日 14 时，丹江口水库水位蓄至 170 米正常蓄水位，这是水库大坝自 2013 年加高后第一次蓄满。作为中线水源工程的"哨兵"，中线水源公司第一时间吹响了防汛"号角"。全员冲锋上阵，为守护大坝、库区和供水安全，不分昼夜监测巡查，不畏艰辛摸排隐患。

▲ 2021年10月10日，丹江口水库首次达到170米正常蓄水位

新的蓄水高度意味着要面临新的挑战。中线水源公司专门成立了加强大坝工况监测工作领导小组，下设5个专业小组，分别从安全监测、现场巡查、技术指导等方面全面诊断大坝工况。水位抬升期间，巡视检查的次数由每天1次加密为每天2次，关注重点部位，研判风险点，并做详细记录。每日收集汇总大坝安全监测和巡视检查成果，编制工作日报及时上报相关部门。

在当年11月的南水北调中线水源工程验收中，专家组看到，丹江口水库首次蓄水至170米并已满负荷运转50余天后，从大坝左岸下到162米廊道里不仅地面是干燥的，连廊壁都毫无潮湿的痕迹。一名专家感慨道："蓄水到170米高度，其间每一步对我们来说都是大考。这是对南水北调工程安全的肯定，也为新时代国家重大战略的实施注入了强大的生命动力。"

2021年秋汛，丹江口水利枢纽成功防御了6次流量在1.5万立方米每秒以上的洪水，发挥了巨大的防洪效益。

风雨护佑！面对汛期，中线水源公司不负党的重托，以实际行动践行了"守护好中线水源地"的初心和使命，向党和人民交出了一份满意的答卷。

## 第二节　咫尺匠心

山雨初霁，秋意晚来。碧水蓝天下，巍峨矗立的丹江口大坝，似强而有力的臂弯，揽蓄浩荡汉江来水，将洁净的甘露送往北方大地。

这座位于南水北调中线一期工程核心水源地的世纪工程，如今已平稳经历了增高、通水、蓄水的层层考验，在秋日暖阳的照耀下，熠熠生辉。

中线水源公司的护水使者们，数年如一日，扎根丹坝，兢兢业业，用精益求精的匠人精神实现安稳运营"零"事故，用密不透风的防范预警措施将一切安全风险归"零"，用满腔的赤诚守护这座世纪丰碑。

### 从"建"到"管"的转变

安全运行，永远是南水北调中线输水工程最关键的基石。没有稳固的地基，其他的一切都是空中楼阁。

从"建"到"管"的转变，并非朝夕之易事。进入工程建设期运行管理阶段后，中线水源公司既要承担大坝加高工程的尾工建设任务、完成工程验收等工作，又要平稳完成转型，做好安全监测、防汛度汛、巡视检查、蓄水验收，保证工程的

◀ 大坝精密水准观测

▶ 大坝工程安全巡查

运行管理安全。

　　完善规范运行管理工作方案、健全突发事件应急管理体系、强化内部监管和人员培训、成立中线水源工程集控系统设计项目组……中线水源公司遵照"全委一盘棋、共谋新发展"的治江兴委理念，理顺体系、建章立制，扎实推进工程运行管理的"规范化、标准化、精细化、信息化"建设。

　　在初夏时节，中线水源公司的大坝安全监测员在进行巡查的时候每人会带着一件厚厚的外套，这个举动让人不免产生疑惑。

　　原来大坝安全检查除了坝面巡检外，安全监测员还要每天早晚两次进入坝体内部检查。巡查廊道位于大坝大体积混凝土内部，由于大体积混凝土有隔热保温的作用，温度常年保持在 20 摄氏度，越靠近底部，温度越低，最低可达 14 摄氏度左右，特别阴冷，必须得披上厚外套。

　　职责在肩，必有担当。中线水源公司认真落实丹江口大坝加高运行管理主体责任，制定了运行管理、维护养护、安全监测等运行管理办法，尤其对于水情测报、水库诱发地震监测和大坝强震监测等影响加高工程安全运行的项目，加大监测数据分析力度，随时掌握工程运行状况，发现和处理工程运行中存在的工程养护缺陷、安全隐患等问题，于细微处精心呵护着工程安全。

　　2018 年，按照水利部、长江委的要求，中线水源公司全面、彻底地完成了丹江口水库蓄水期间发现问题和工程建设遗留问题的处理工作，水库蓄水试验报告通过水利部组织的审查，枢纽具备170米正常蓄水的条件。

通过组织审查，是对中线水源公司管理能力的一种认可。

"蓄水试验就是一次对运行管理能力的综合考验。"时任中线水源公司工程部副主任李方清介绍。其间，中线水源公司制定了《丹江口大坝加高工程汛期安全巡视检查及应急处置办法》《丹江口水利枢纽大坝加高工程蓄水期安全监测技术要求》《工程运行安全生产管理办法》等一系列运行管理制度，并委托运行单位制定《液压启闭机运行规程》等多个操作规程，用严密的制度，为大坝坝体穿上一层密不透风的"铠甲"。

## 安全监测迈向数字化

中线水源公司高度重视并大力推进安全监测系统整合。随着信息化时代的到来，大坝也装上高科技的"翅膀"。2018年12月，监测中心站软件上线，丹江口大坝安全监测自动化系统投入试运行。丹江口大坝安全监测自动化系统具备监测数据的即时采集、分析、传输、展示和应用功能，集自动化传输、数字化管理、高效化运行于一体，实现了丹江口大坝安全监测智能化。

科技赋能，为南水北送"国之大者"提供了源源不竭的动力。

▲丹江口大坝安全监测信息管理系统导览

南水北调中线水源有限责任公司文化读物

大坝安全监测自动化系统的接入测点总数为 1500 个，利用现行成熟可靠的大坝安全分析技术、数据处理技术、虚拟化、地理信息和 3D 技术、物联网、二维码、远程自动化控制技术等，实现了对大坝监测数据全天候、无缝隙的采集，以及系统性、即时性、结论性的分析。大坝监测设施则实现了远程控制、远程检测、自校与修复。

"这套能够实现监测数据的即时采集、分析、传输、展示和应用，集自动化传输、数字化管理、高效化运行于一体的丹江口大坝安全监控系统，将成为人工巡查监测的强力支持，为大坝安全运营插上信息化的'双翼'。"中线水源公司一名技术人员介绍。

▶ 丹江口大坝安全监测实现数字化管理

大坝安全监测自动化系统试运行完成后，大坝监测管理人员实现了随时随地通过手机、计算机等终端掌握大坝的运行情况，及时进行工程监测与管理。

"虽然有自动化监测系统，有些重点部位还是在现场看了才放心。在水位抬升的关键时期，人工巡查要加密到一天三次。"中线水源公司副总经理付建军长期分管工程安全管理工作，对大坝加高工程的关键部位和风险点了如指掌。

中线水源公司按照"定期督、日常巡、现场管"的库区管理模式，持续推进库区规范化管理。在此基础上，公司加快推进"数字库区、智慧水源"和数字孪生中线水源工程建设，通过综合管理信息平台建设，推进丹江口水库管理向数字化转型。

## 凝聚力量共护清泉

中线工程正式通水后，为了保证南水永续北送，汉江集团公司与中线水源公司共同成立了中线水源供水领导小组，与南水北调中线干线工程建设管理局协商建立了陶岔供水调度流程，逐步建立起较为顺畅的供水调度运行机制，保证了沟通顺畅、调度有序，为实现平稳安全供水打下了基础。

超前完成供水任务，这对于中线水源公司来说已经是"常事"。2016—2017供水年度，丹江口水库向北方供水48.46亿立方米，提前6天完成水利部下达的水量调度计划；2017—2018供水年度，丹江口水库向北方供水74.63亿立方米，提前43天完成供水计划；2020—2021供水年度，中线水源公司克服超强暴雨洪水袭击、新型冠状病毒肺炎疫情反弹、极寒天气影响等多重困难，年度调水突破90亿立方米，完成年度计划的121%，给京、津、冀、豫四省（直辖市）净供水89.03亿立方米，远超规划多年平均供水规模85.4亿立方米。

专业素养决定成败，让专业人做专业事。中线水源公司充分发挥自身协调优势，将大坝工程建设中的各个项目交由枢纽运行单位——汉江集团公司及施工承包单位运行维护，工程安全监测由长江空间信息技术工程有限公司（武汉）

▶ 安全稳健运行的南水北调水源工程

◆ 第三篇 臻善之源

承担，水量监测工作由长江三峡勘测研究院有限公司承担，水库水质监测由长江科学院承担，大坝加高工程的辅助项目水文项目、地震监测委托专业队伍进行运行管理。

▶ 与委属单位联合攻坚数字孪生建设

按照国务院原南水北调办下发的相关运行管理考核办法，中线水源公司结合工程现场实际情况，制定了相关制度办法，对运行管理单位进行监督检查和考核，促进运行管理日趋标准化。

另外，根据国家防汛抗旱总指挥部有关文件精神，中线水源公司落实了水库"三个责任人"，即安全度汛行政责任人、抢险技术责任人、值守巡查责任人，

▶ 坝区保卫

确保责任人到岗到位、履职尽责。

　　工程维护、安全运行、应急处置制度不断完善，运管队伍有效补充，自动监测能力快速升级，规范监督检查和考核……为此，中线水源公司进行了大量的摸索，随着对工程运行管理规律的认识不断深化，目前已初步建立了适应中线水源工程实际的运行管理体系。尽管前行的道路上仍然面临着许多新情况、新挑战，但中线水源公司有信心让这座世纪丰碑稳稳地在风雨中屹立，源源不断地将一库清泉送向北方。

第四篇

奔涌之源

# 第一章　红色领航

　　"红色"是中线水源公司发展的鲜明底色。公司党委发挥领导作用，归结到一点，就是把方向、管大局、保落实，这是党对公司党组织职能的根本定位。回顾中线水源公司发展历程可以看出，党建工作做实了就是生产力，做强了就是竞争力，做细了就是凝聚力。做强做优做大公司，离不开党的建设这个法宝。

▶中线水源公司2023年党的建设暨纪检工作会议

　　在长江委党组的坚强领导下，中线水源公司临时党委坚持以党的政治建设为统领，弘扬伟大建党精神，党建质量不断提升，党建引领作用得到有效发挥。

## 高举"红色旗帜"，强化核心把方向

　　"总开关"拧紧，"原动力"喷薄。

　　高举"红色旗帜"，就是传承红色基因，坚持党的领导不动摇。近年来，中线水源公司不断强化公司党委的政治核心和领导核心，为公司发展把好方向。

牢记习近平总书记嘱托，重温入党誓词

明确中线水源公司的政治属性。中线水源公司充分认识公司政治属性，自觉在思想上、政治上、行动上，同以习近平为核心的党中央保持高度一致，坚决贯彻党的理论和路线方针政策，引领公司始终保持改革发展的正确方向。扎实开展"不忘初心、牢记使命"主题教育、"三对标，一规划"专项行动、党史学习教育，广泛开展诵读红色家书、传承红色基因活动。突出政治引领，始终坚持用习近平新时代中国特色社会主义思想武装头脑、指导实践、推动工作，引导公司党员干部增强"四个意识"、坚定"四个自信"、做到"两个维护"，不断提高政治判断力、政治领悟力、政治执行力。

明确党的领导地位。中线水源公司坚持把党的领导内嵌到公司治理结构中。落实水利部党组《关于部属企业在完善公司治理中加强党的领导的意见》，按照"党建入章"新要求对公司章程进行再次修订；印发实施党委前置研究讨论重大经营管理事项清单，进一步健全党委前置研究讨论重大经营管理事项制度，充分发挥了党的领导在公司发展中"把方向、管大局、促落实"的作用，从组织、制度和机制上使企业公司党组织参与重大决策得到了保证。

明确党组织参与决策的程序。参与重大问题决策，是公司党组织发挥政治核心作用的基本途径。近年来，通过完善党委会议事规则、修订"三重一大"决策办法等措施，细化党委参与重大问题决策的内容和程序，把党组织参与公司重大问题决策贯穿于决策、执行、监督的全过程，既不缺位，也不越位，充分发挥了党委的把关定向作用。

◆ 第四篇 奔涌之源

## 打造"红色引擎"，围绕中心管大局

两翼齐飞，赋能添彩。

党建与业务如同"鸟之两翼""车之双轮"，处理好两者关系，解决"两张皮"问题，关键是找准结合点，推动机关党建和业务工作相互促进。中线水源公司坚持让党建工作成为推进公司发展的"红色引擎"，同频共振，实现党建与中心工作深度融合。

中线水源公司把学习领会习近平总书记重要讲话指示批示精神作为党委会"第一议题"，做到准确把握精神实质，全面推进"机关化管理、企业化运作"理念，落实完成南水北调中线供水目标，引领推动公司高质量发展。科学谋划工程运行管理重大科技问题研究、公司"十四五"能力建设、数字孪生中线水源工程3个顶层设计，统筹推进水源工程标准化建设，加快推进"智慧水源"建设，着力提升工程运行管理水平和企业经营管理能力。

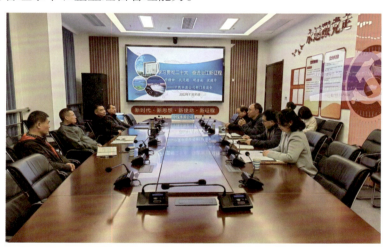

▶ 贯彻落实党的二十大精神，调研制定重点工作清单

中线水源公司党员把保障好供水安全作为自己的使命担当，充分发挥好先锋模范作用。公司党员干部加强与汉江集团公司、南水北调中线干线工程建设管理局等单位的沟通联系，每年超额完成年度供水计划。配合开展中线工程加大流量输水，做好水量调度、应急准备、值班值守等工作。组织做好水质监测和应急处置管理工作，库区水质全年稳定在Ⅱ类及以上标准。

在党建工作的引领下，中线水源公司把"党管安全"作为党建工作的重要内容，实现了安全发展。公司对青年人开展总体国家安全观教育、保密故事我来讲、安全生产月等活动，教育引导青年职工听党话跟党走，拓展青年成长成才平台。修订了《工程运行维护考核管理办法》，认真开展日常巡查、定期检查及专项检查，完成了季度巡视检查考核和年度考核。做好日常检修维护及电气试验，确保防汛设备完好率达到100%。另外，加强工程安全监测及数据分析，确保工程安全运行。

## 激发"红色动力"，凝聚信心保落实

源头活水，静待潮生。

在近年来的党建实践中，中线水源公司夯实党建责任，筑牢支部堡垒，充分发挥群团组织作用，激发"红色动力"，凝聚起了推进企业发展的强大力量。

中线水源公司不断强化制度建设，每年制定党建责任清单，层层压实全面从严治党工作责任。以党史学习教育指导工作组开展工作为契机，进一步督促各支部认真落实"三会一课"、主题党日等制度。制定印发《中线水源公司党支部工作标准化规范化建设考核细则（试行）》，进一步健全完善党建工作考核评价体系，完善考核指标，强化结果运用。加强基层党组织带头人队伍建设，选派党支部书记和支部委员等参加各级各类培训。

一个支部就是一座堡垒，一名党员就是一面旗帜。中线水源公司党支部严格"三会一课"，规范组织生活会和民主评议党员制度，扎实开展"党员固定活动日"认真落实党员教育管理工作条例，将严格的要求落实到党员教育管理全过程。

▶ 与委属单位党支部开展联学联做活动

各支部牢牢把握学习教育的目标要求，创新方式方法，认真开展主题党日活动。加强重要岗位和重点领域廉洁风险防控，形成监督合力和监督体系。通过强化政治功能，真正把支部建设成为宣传党的主张、贯彻党的决定、领导基层治理、团结动员群众、推动改革发展的坚强战斗堡垒。

做好党建工作，离不开精神文明建设。中线水源公司唱响时代主旋律，大力弘扬榜样模范力量，开展"道德讲堂"，组织"最美水利人"事迹宣传，持续开展"党建引领+X""我为群众办实事"等活动，以主题党日、宣传展板、郑守仁同志事迹读书活动等持续弘扬新时代水利精神、长江委精神和榜样的力量，引导干部职工树立正确的价值观、事业观、单位观。组织开展"丹心护水"主题摄影，以群众性文化活动为载体，不断深化精神文明建设。制定《精神文明建设工作要点》，持续优化创建机制，落实创建工作任务，丰富创建活动内涵，营造"找差距、争先进"的创建氛围，2022年获评"长江委文明单位"。

此外，中线水源公司全心全意做好服务职工群众工作，引导职工积极参与民主管理，把广大职工群众紧紧团结在党组织的周围，把党组织的意志变为职工群众的自觉行动，凝聚发展合力。

## 培育"红色情怀"，关爱民生显担当

幸福有质感，民生有温度。

多年来，中线水源公司党委始终牢记"发展企业、造福职工，创造价值、贡献社会"的初心和使命，积极培育"红色情怀"，坚持"共建共享"理念，努力让职工群众更多地共享发展成果，彰显了公司的责任和担当。

中线水源公司党委将关心关爱职工，为群众办实事真正落地生根。每年为职工进行体检，建立健康档案，保障职工职业健康。全心全意做好服务职工群众工作，引导职工积极参与民主管理；邀请专家为职工进行健康讲座，开展职工住院慰问和生日慰问，帮助职工解决急难愁盼问题。

生命至上，大爱无疆。在疫情来临时，中线水源公司党员冲锋在抗疫一线，主动下沉社区一线值班值守。同时，公司向长江委服务中心、长江医院、国药汉江医院捐赠了防疫资金。

　　用情用力真帮扶，推动郧阳区高质量脱贫摘帽。2018—2020 年，中线水源公司为郧阳区筹集帮扶资金 65 万元；开展内引外联帮扶工程，购买扶贫农副产品共计 13 万元，同时发动公司广大职工踊跃捐款扶贫助学。2021 年配合水利部防御司开展扶贫活动，并捐款 5 万元，将党的惠民政策扎扎实实落到实处。

　　奋进百年路，开启新征程。中线水源公司广大党员干部正大力弘扬伟大建党精神，以高度的政治自觉、思想自觉和行动自觉，持续推动习近平总书记系列重要讲话精神落地生根、开花结果，奋力谱写新时代公司改革发展新篇章。

# 第二章　改革潮涌

　　南水北调工程是国家水网的主骨架和大动脉重要组成部分。作为南水北调中线水源工程运行管理主体，中线水源公司牢牢把握改革发展的转型期，亮出新时期的精气神，以想干事的信念锤炼新本领，以能干事的胆识砥砺新担当，以干成事的决心展现新作为。

　　新发展阶段，如何建立同时适配水源地管理运行与现代企业管理运行的体制机制？如何在企业发展上破题，实现可持续高质量发展？

　　"机关化管理、企业化运作"这个新概念的落地实施，让中线水源公司在新征程上迈出了发展的坚实步伐。

## 实现转型发展，顶层设计先行

　　2021年11月，随着南水北调中线一期工程丹江口大坝加高工程、中线水源调度运行管理系统工程两个设计单元工程通过水利部验收，中线水源工程全

▶中线水源公司领导层共商转型发展大计

面进入运行管理阶段。这个标志性节点，也意味着中线水源公司迎来改革发展转型期。

"新阶段下，公司主要工作任务更多地转向运行管理。发展阶段的转换，内部管理的思路、模式也要随之转变。"中线水源公司总经理马水山指出，转型期的到来，对公司的内部管理模式提出了新的更高要求。全面施行"机关化管理、企业化运作"，就是中线水源公司解锁高质量发展的"金钥匙"。

有别于常规企业通过市场行为获取利润收入，中线水源公司的收入来源于中线水源工程水费的收取。这便从根本上决定了，公司应学习机关单位使用预算资金，严格、规范地将企业资金用到履职"刀刃上"，并参照机关模式加强内部管理，提升履职水平。

截至 2021 年，中线水源工程惠及 24 个大中城市的 7900 多万人。站在新起点上，中线水源公司要交出一份切实维护"三个安全"的合格答卷，一定离不开科学系统的顶层设计和总体规划。

▲中线水源公司总经理马水山带队开展科技研发调研

为此，中线水源公司大兴调查研究之风，领导班子成员及各部门负责人对委内外相关单位开展密集调研活动；坚持问题导向，深入总结中线水源建设运行管理的经验和问题；重视多方问技，广泛征求领导、专家及基层职工意见；巧借他山之石，大量借鉴吸收委内外相关部门、企事业单位及国内外水源地管理先进经

验……一次次调研、一场场座谈、一个个制度的提出，积蓄的是发展的力量，凝聚的是奋进的共识，迸发的是前行的勇毅，更是"全委一盘棋"的生动体现。

2022年，随着《南水北调中线水源有限责任公司"十四五"发展规划》《南水北调中线水源有限责任公司"十四五"能力建设规划》《中线水源工程运行管理重大科技问题研究顶层设计》《数字孪生中线水源工程顶层设计》等一批具有全局性、指导性、可行性的方案陆续出台，以"一规划三顶层设计"为核心的中线水源公司改革发展蓝图徐徐铺展开来。

► 中线水源公司"十四五"能力建设规划研讨会现场

"一规划三顶层设计"从不同层面，构建着中线水源公司"强筋健骨"的"四梁八柱"，描摹着公司可持续性发展的可期未来。从工程管理、库区管理、供水管理，到党的建设、人才建设、财务管理、企业文化，从技术赋能到创新发展，中线水源公司围绕"三个安全"关键词，努力探索着一条条适合自己的方法论。

### 勇立改革潮头，管理"五化"制胜

如何抓住推动高质量发展的"题眼"？推动企业管理制度化、企业管理法治化、企业管理信息化、安全生产标准化、档案管理数字化，加强公司组织管理能力建设，修炼水源地管理"内功"，中线水源公司如是作答。

加强企业管理制度化建设是打通"经脉"。经脉通，则企业管理的"内力"才能畅行无阻。谋定而动，笃行致远。加强规划计划统筹作用，完善公司组织体系和运行机制，建立健全权责明确、良性高效、管理科学的管理制度体系，才能把制度优势转化为管理效能，为公司高质量发展提供有力的制度保障。深化管理制度改革，着力完善人才任用、创新激励、薪酬分配等方面的制度，"内力"就可上下通行，由小而大，积少成多；强化管理制度立改废，全面梳理现行制度，着力开展公司安全生产、保密工作、计划合同、财务资金等方面管理制度立改废工作，"内力"就能去粗取精，日渐高深；建立制度执行监督机制，强化用制度管人、按制度办事，着力健全完善督查督办、奖优惩劣、容错纠错、监督问责等机制，"内力"就能收放自如，不偏不倚。仅2021年，中线水源公司就修订完善了18项内部管理制度，并开展内控管理制度自查自纠，推行行政管理标准化，确保制度管人、流程管事落到实处。

加强企业管理法治化建设是研习"剑法"。剑法精，水源地管理才能"仗剑执法"。2021年，《中线水源公司法治企业建设五年规划（2021—2025年）》出炉。中线水源公司依托法制企业建设五年规划，完善公司法治体系，加强法务人才队伍建设和全员法律知识培训，切实提高员工运用法治思维和法治方式的能力，将依法治企贯穿于公司运营的全过程中。2021年2月23日，中线水源公司举办《中华人民共和国长江保护法》宣讲培训班，解读法律法规和相关规范性文件的主要内容，并结合工作实际进行了深入研讨。2022年7月28日，中线水源

▲ 深入推进法治企业建设

◆ 第四篇 奔涌之源

公司举办 2022 年第一期法务培训班；2022 年 4 月 7 日，中线水源公司召开法务工作座谈会；2022 年 3 月，在第三十届"世界水日"、第三十五届"中国水周"期间，中线水源公司创新形式、制定方案，对内加大知识普及，营造浓厚氛围，对外融合供水管理、库区管理等业务工作进行法规宣贯……每一堂法务培训班，每一次法务工作座谈会，每一场普法宣传活动，反映的是中线水源公司对法治化建设的贯彻落实，提高的是公司整体的法治素质。

加强企业管理信息化建设是修炼"轻功"。轻功灵，企业运行才能轻快灵动。中线水源公司在现有事务管理系统的基础上，优化升级计划管理、资产管理、财务管理、干部人事管理等办公系统，进一步完善优化系统功能和流程，显著提高信息化水平和管理效能。根据《南水北调中线水源有限责任公司"十四五"能力建设规划》中的年度实施计划建议，2022 年公司将完成计划合同管理、财务信息及干部人事档案信息系统升级工作。届时，中线水源公司运行效率将进一步提高，企业管理信息化程度将再上新台阶。

加强安全生产标准化建设是强壮"筋骨"。筋骨强，才能保障公司安全生产"刀枪不入"。安全，始终是中线水源人坚守的底线。截至 2023 年 3 月，南水北调中线水源工程安全生产超过 4100 天，累计供水超 550 亿立方米。中线水源人牢记习近平总书记"要从守护生命线的政治高度，切实维护南水北调工程安全、供水安全、水质安全"的要求与嘱托，在新的改革发展进程中，将按照水利部印发的《水利行业深入开展安全生产标准化建设实施方案》部署安排，对标水利部安全生产标准化一级单位，全面推进安全生产标准化建设，建立健全安全生产长效机制，提高公司安全生产保障水平。从组织机构、安全投入、规章制度、教育培训、装备设施、现场管理、隐患排查治理、重大危险源监控、职业健康、应急管理以及事故报告等方面入手，深入开展自检自查，建立健全各级安全生产组织机构，建立健全安全生产各项管理制度，强化安全生产检查巡查，确保练成安全生产的"金钟罩铁布衫"。

加强档案管理数字化建设是修筑"藏经阁"。经在于"藏"，更在于"用"。"数字"引领，服务工程，是建设中线水源公司数字档案馆的源头动力。公司锚定"数字水源"核心，精心谋划，周密部署，奏响"筑牢基础、提升能力、科技赋能"

三部曲。18年不懈努力，建成基于物联网的多时空数据融合、电子文件在线归档、智能库房一体化管理的数字档案馆。公司数字档案馆总面积1682平方米，其中库房544平方米（含涉密库房27平方米），消毒除尘室、接收室、编目室、数字化加工室、传统档案查阅室、电子阅览室、涉密档案阅览室等业务技术用房共126.6平方米。建有档案信息管理系统、政务内网接收查询系统、数字验收平台、声像档案网站等多个系统。馆藏档案6万余卷（件），照片档案7181张、声像光盘157盘、实物档案60件，年均利用500余人次。2022年，国家档案局、湖北省档案馆的领导、专家先后到中线水源公司调研检查指导，均对中线水源公司的档案管理数字化工作给予了高度评价。中线水源公司将继续开展档案馆系统硬件设施升级，实施档案馆应用系统优化升级，开展存量档案数字化，加强安全保障体系建设，全面推进档案治理体系和治理能力现代化，加大"数字"引领力度，加强"大智移云"技术使用，与数字孪生丹江口中线水源工程信息系统互联互通，提高档案服务知识化水平，将数字档案馆打造成为服务工程管理的前台、智慧水源的数据中台、无形资产的管理后台、档案治理的智慧化平台，高分通过湖北省示范数字档案馆测评，并积极申报全国示范数字档案馆。未来的中线水源公司档案馆，必将成为既"藏"得安全、又"用"得高效的中线水源档案宝库。

省级示范数字档案馆

数字孪生丹江口工程系统界面

　　进入新的发展阶段，中线水源公司大力打造"数字孪生"，先后组织完成数字孪生丹江口水源工程顶层设计、实施方案、先行先试实施方案、招标设计等各阶段技术文件，如今已搭建数字孪生丹江口 1.0 版框架……

　　潮平两岸阔，改革正当时。从高质量落实"三个安全"，到全方位强化企业能力建设，再到助力治江事业和长江委高质量发展，属于中线水源人的又一页成长篇章已壮阔起笔。

# 第三章　文化塑魂

错落有致的楼宇、绿意葱茏的树木、镌刻着"丹心护碧水"字样的景观石……走进中线水源公司的管理园区，就能感受到浓郁的"水源"文化扑面而来。而园区的景观文化建设，还只是中线水源公司"文化味"的一个缩影。

中线水源公司新落成的办公园区

"求木之茂者，必固其根；欲根之盛者，必塑其魂。"中线水源公司始终将"水源特色文化"建设融入中线水源工程建设与运行管理工作，让"水源特色文化"成为企业的灵魂与潜在的内驱力，在这里落地生根，枝繁叶茂。

## 砥志研思，推进内化于心

企业文化只有扎根于职工心底，成为职工的文化自觉，才能成为现实的"文化力"。中线水源公司深刻把握"水源特色文化"内涵，创新推动精神文明建设，使其成为引领公司跨越式发展的内层"魂文化"。

凝心聚力，夯实文化"压舱石"。中线水源公司及时成立文明单位创建领导

南水北调中线水源有限责任公司文化读物

小组及办公室，制定印发文明单位创建工作计划，优化创建机制，拓宽创建领域，丰富创建内涵，以"长江委文明单位""湖北省文明单位""全国水利文明单位"创建为契机，注重问题导向，以"绣花"功夫提升公司精神文明创建水平，积极营造"找差距、争先进"的创建氛围。

▶省直机关文明单位考核组考核验收中线水源公司文明单位创建

多措并举，汇集文化"向心力"。中线水源公司深入开展企业文化课题研究，提炼企业文化精髓，落实企业文化"塑魂工程"。持续抓好具有水源特色的"一书一歌一赋"，开展南水北调中线水源地区域水文化调查研究，组织编撰南水北调中线水源工程系列丛书；为切实维护"三个安全"厚植全员精神沃土。强化对全体职工，尤其是青年的学习引领，通过团支部多样的主题活动、专题团课、青年座谈会等形式带动广大青年职工积极参加各类理论学习；定期开展道德讲堂，

▶青年职工座谈会

组织"最美水利人"事迹宣传，以主题党日、郑守仁同志事迹读书活动等，引导干部职工树立正确的价值观、事业观、单位观，汇聚正能量。

## 潜精聚心，推进体化于物

企业文化落地的第一步就是文化感知，从视觉形象入手，通过文字、图片、环境等，多方位营造良好的文化氛围。中线水源公司以面貌建设和文化建设为重点，创建了独具特色的管理园区院落。

芳菲满园，盈溢"水源"雅韵。远处花树掩映的文化长廊中，有人在文化宣传栏前专注地观看，有人驻足赏花，有人三三两两聚在一起谈话……好似街心花园的一角。然而，它却不是花园，而是中线水源公司打造的"花园式"管理园区。区别于传统内向和固化的办公模式，这里倡导一种更为开放、休闲和绿色的全新办公理念，通过构建绿色生态的办公环境，营造休闲的办公氛围，来满足职工多元化的文化需求。

园区的苗木种植选择了不同的树种成林，并挂上有科普节水树牌，形成绿色视野及道路绿化景观，园中乔灌草相结合，落叶与常绿搭配，形成四季有绿、三季有花的生态群落。这既是一块"绿色呼吸之地"，也成为参与公司文化建设、文明传播的"宝地"，是中线水源特色的"文化地标"。

▶ 办公园区内树种均挂设年需水量科普标识

春风化雨，植树企业"精神气"。"南水北调，事关战略全局，事关长远发展，事关人民福祉"，在公司办公楼11楼的电梯口处，一行蓝色的大字十分显眼。中线水源公司在管理园区打造了一系列能够激励职工奋进的"水源特色文化"的企业理念、企业精神的口号，设计完成统一、醒目、规范的企业标识，发放统一的制服、帽子，借助公司的网站、文化宣传栏、精神文明展示墙等，营造出浓厚的文化氛围，组织和引导职工进行系统的企业文化知识学习，在潜移默化中，使广大职工对"水源特色文化"理念产生高度理解和强烈认知。

## 言文行远，推进外化于行

卓越的企业文化对扩大企业影响力具有不可忽视的作用。中线水源公司作为护佑一库碧水永续北送的"守井人"，更深知加大水生态保护宣传、提高民众生态道德素质的重要性。多年来，始终秉持水生态文化观念，笃行不怠开展生态环境文化教育、公益志愿、对外宣传等各项活动，以增强民众的生态忧患意识、参与意识和责任意识，强化"水源特色文化"的品牌塑造。

节水优先，打造"水源"范本。北送不竭的一库清水，映照着中线水源人心怀"国之大者"惜水、护水、爱水的鲜亮底色。中线水源公司矢志当好贯彻"节水优先"的践行者、创建节水机关的先行者、厉行科学节水的示范者，以"拧紧用水龙头，守好北送源头"的高度政治自觉性与历史责任感，依托立体化节

统筹布局打造节水机关建设标杆单位

▲ 节水志愿队授旗仪式

▲ 承办水利部"关爱山川河流·守护国之重器"志愿服务活动

水宣传教育、规范化节水配套制度、高标准节水"三同时"建设、精细化节水监控管理，辅以科技赋能、智慧挖潜，有力打造具有南水北调中线水源特色的节水范本。

秉承初心，诠释"水源"担当。"检测结果显示咱们小区的水质不错。"水质监测车上，志愿者将结果展示给一个居民爹爹。爹爹笑着竖起了大拇指："咱们水源地的水质没话说！"这是 2021 年"世界水日·中国水周"期间，中线水源公司节水志愿队组织的"宣传进社区"活动现场发生的一幕。生活用水水质检测、水资源节约保护知识、节水知识……一系列"贴民心、接地气"的科普宣传活动，在"水都"频现。为保障水质环境，公司还开展了丹江口水库库区河南淅川县消落区和水域、岸线管理与保护试点、丹江口水库鱼类增殖放流等工作。通过加大宣传教育，提升了民众崇尚自然、热爱水生态的道德情操，节水、惜水、护水意识显著增强。

牢记使命，耕植"水源"阵地。公司还组织开展了"圆梦南水北调·奋进新时代"文艺作品征集和"丹心筑梦·清泉永续"图片展活动，配合中央电视台开展了南水北调公益广告的拍摄；开展"红色水源印初心"庆祝建党一百周年支部工作展示；为挖掘好公司历史文化，讲好南水北调故事，组织编撰纪实报告文学《丹心寄北流》等；致力于守好宣传阵地，唱响"水源"声音。

第四篇　奔涌之源

## 以人为本，推进融合同化

以人为本是企业文化建设的核心。中线水源公司在"水源特色文化"的创建过程中，始终把"人"作为公司的靠前资源，作为推动公司发展、打造公司核心竞争力的前提和根本，致力于让公司成为职工的"家"——不仅是物质意义上的"家"，而且还是"精神家园"。

中线水源公司让职工参与企业文化讨论，群策群力，明确企业发展理念，倡导做事方法，执行行为规范。系列性、周期性、专题性的文体活动、培训竞赛、文化事件让文化落地过程有声有色、深入人心。

公司每年都举办各类业务培训班，开展劳动竞赛、技能比武等活动，鼓励职工立足岗位，刻苦钻研，成为"一专多能"的现代化复合型人才，不断适应公司发展的需要。关注职工精神文化生活，倡导"快乐工作，健康生活"的理念；提供优质服务，开展了女职工"健康讲座"、太极拳培训班、青年职工亲子活动和读书活动；打造"健康水源"，开展职工心理咨询和健康保健服务等活动；开展防暑降温和"六一"儿童节慰问，组织开展观影、徒步等活动。通过丰富多彩、健康有益的文体和艺术活动，创造一个使职工能身心愉悦、充分发挥各自能力、实现自我价值的工作环境。

▶ 职工文艺汇演

▲ 建设职工书屋，打造学习型单位

有"小家"才有"大家"。在公司上下凝心聚气之时，中线水源公司又带动职工投身社会公益，积极参与社会募捐、赈灾捐款、扶贫捐款等活动，赢得了社会的认可和好评，也让职工自身备受鼓舞。

灿烂的企业文化之花，必将结出丰硕的文明之果。2008 年，中线水源公司获国务院原南水北调办"文明建设管理单位"；2014 年，获湖北省总工会"湖北'五一'劳动奖状"；2016 年，获人力资源和社会保障部、国务院原南水北调办表彰的"南水北调东、中线一期工程建成通水先进集体"；2022 年，被长江委评定为"长江委文明单位"，并多次获"长江委先进基层党组织"等表彰。

随着企业职工文化建设的推进，"水源特色文化"这双"无形的大手"，就像让水沸腾的热力，让万物生发的春风，为公司注入一股积极向上的风气，激发了中线水源公司的发展潜力，催生了改革动力，点燃了创新活力，并逐渐内化为员工自觉意识和行为习惯。

中线水源公司必将以踏石留印的真功夫，实现从"文化落地"到"文化入心"的跨越，在全方位加强工程运行管理、全过程防控企业风险，全力实现南水北调工程"三个安全"的同时，探索出一条具有水源特色的文化塑魂之路。

◆ 第四篇 奔涌之源

# 第四章　聚势启新

丹江口大坝雄姿

　　"南水北调中线工程 2021—2022 供水年度，实际供水量 92.11 亿立方米，完成年度计划 72.3 亿立方米的 127%，再创历史新高。"中线水源公司总经理马水山在 2023 年公司工作会上振奋宣布。

　　源头一滴水，家国万里情。

　　为守护一库碧水，多年来，中线水源公司直面各种挑战，不惧风雨，砥砺前行，走过了一段非凡的历程。

　　南水北调工程是国家水网的主骨架和大动脉的重要组成部分。习近平总书记指出："水网建设起来，会是中华民族在治水历程中又一个世纪画卷，会载入千秋史册。"党的二十大报告饱含为民情怀："必须坚持在发展中保障和改善民生，鼓励共同奋斗创造美好生活，不断实现人民对美好生活的向往。"南水北调工程受水区人民达 1.4 亿，"确保一江清水东流、一库净水北送"，"既要保证水量，又要保证水质"是中线水源公司的重要职责，也是公司在新发展阶段下面临的新使命和新要求。

"一个国家、一个民族要振兴，就必须在历史前进的逻辑中前进、在时代发展的潮流中发展。"恰此时，正值中华民族伟大复兴战略全局和世界百年未有之大变局，构建新发展格局之际；恰此地，"荆山楚水充盈着高质量发展的澎湃动力"。"守好一库碧水"也是中线水源公司把握时代规律、勇立潮头、顺应发展大势的时代之责。

　　中线水源公司将深入学习贯彻党的二十大精神，遵循习近平总书记关于推进南水北调后续工程高质量发展座谈会上的重要指示精神，积极贯彻落实水利部及长江委有关中线水源保障工作的决策部署，把握改革发展的转型期，根植"机关化管理、企业化运作"工作理念，围绕"坚持一条主线、提升两种能力、维护三个安全"工作目标，坚持从守护生命线的政治高度，提高水源安全保障业务能力、企业现代化管理能力、科技创新驱动能力，启新聚势、守正笃行，全面谱写中线水源公司高质量发展新篇章。

　　党建是第一要务。中线水源公司将坚持政治引领，以习近平总书记新时代中国特色社会主义思想为指导，全面贯彻落实新时代党的建设总要求和新时代党的组织路线，坚持和推动党建工作与业务运营深度融合。建立健全企业管理"五化"，构建以强化开源节流为导向、以预算绩效管理为路径的财务管理体系，提升公司管理水平。

◀ 水利部部长李国英一行调研丹江口水库水质安全保障工作

◆ 第四篇　奔涌之源

长江委主任刘冬顺检查指导南水北调中线水源工程运行管理工作

科技是第一生产力。中线水源公司将全面开展大坝安全监测设施智能化，取水、泄水监测智能化，流域联合调度智能化，水质监测智能化，综合运用无人机、卫星遥感、近地视频等立体监测手段，充分利用大物联网、大数据、云计算、移动互联等新一代的信息技术，通过水信息的采集、传输、存储、处理和服务，基本实现立体的工程运行管理智能预测预警体系，全面提升水源工程安全保障业务能力。未来还将继续依托移动互联、大数据技术，提供跨部门的数据和业务协同，提高工程安全、供水安全、水质安全各项工作的处置智能化水平和处置效率，利用信息化技术更好地开展南水北调工作，助力建设"绿水青山"与"金山银山"。

人才是第一资源。就像习近平总书记强调的那样"要营造良好创新环境，加快形成有利于人才成长的培养机制、有利于人尽其才的使用机制、有利于竞相成长各展其能的激励机制、有利于各类人才脱颖而出的竞争机制，培植好人才成长的沃土，让人才根系更加发达，一茬接一茬苗壮成长"。中线水源公司将通过加强人才引进储备与完善人才制度体系，以线上与线下结合、思想政治与专业技术结合、理论知识与演练实践结合等多角度全方位人才培育方式，培养和造就一支规模充足、结构优化、布局合理、素质优良、梯次分明的新时代水源人才队伍，更好地完善公司人才管理体系、优化人才成长环境、提升人才使用效能。

创新是第一动力。"如果不走创新驱动发展道路，新旧动能不能顺利转换，就不能真正强大起来。"习近平总书记的话掷地有声。中线水源公司将坚持以创新驱动发展，加大科技攻关力度，实施企业创新驱动发展战略，设立公司运行管理重大科研基金，围绕水源工程的工程安全、供水安全、水质安全等方面的关键科学问题，开展一批重大科技问题研究，为保障"三个安全"和公司高质量发展提供科技支撑。加快科技创新平台建设步伐，大力推动"丹江口库区与汉江上游水生态系统野外科学观测研究站"提档升级，加强鱼类增殖放流站运行维护管理，推进水质监测站网优化布局和信息化建设，争取创建水利部野外科学观测研究站。未来还将着手参与探索国家水网主骨架和大动脉构建的方式，风能、太阳能等清洁可再生能源领域投资、开发与运营的途径，库区自然资源与生态产品价值实现的模式，助力公司迈上新台阶。

文化是第一竞争力。"文以化人，文以载道。"文化建设塑造的是一个公司的灵魂，文化认同是公司团结的根脉。中线水源公司一直坚持以社会主义核心价值观引领公司文化建设，强化水源工程与公司文化的融合，大力弘扬南水北调精神，着力构建公司核心价值观。"文化如水，润物无声。"为提升水源工程文化内涵，中线水源公司将重点深入挖掘整理水源工程建设历史资料、实物以及人物故事素材，反映其在历史、科技、管理、艺术等方面的文化价值。加快水情教育基地建设，采取"线上与线下相结合""宣教与实践相结合"的方式面向社会公众开展水情教育活动。重点推进建设中线水源工程展览厅，通过接待中小学生及企事业单位实地调研，组织现场与网络直播平台活动，使之成为公司文化宣传阵

◀丹江口库区绿水青山

◆ 第四篇 奔涌之源

125

　　地，助力"中线水源"品牌提升。同时，公司还将建立完善以员工健康为核心的人文关怀体系，努力提升员工的获得感、幸福感和安全感。

　　南水北调事关战略全局、长远发展、人民福祉，坚定不移地推进南水北调后续工程高质量发展，功在当代，利在千秋。中线水源公司将始终立足于助力国家发展与南水北调工程发展的高处，着力于工作中的点滴实处，将创新引领发展刻于灵魂深处。有序组织实施好顶层设计规划，坚守"当好中线水源地的守卫者、工程安全的管理者、供水安全的引领者、水质安全的呵护者"的初心和使命，努力实现"依法、科学、有序；绿色、生态、环保"的中线水源工程运行管理目标。

▲沐浴着朝阳的南水北调中线水源工程

　　看似寻常最奇崛，成如容易却艰辛。2022 年，是南水北调宏伟构想提出七十周年。七十年波澜壮阔，新时代激流勇进。中线水源公司将铭记初心使命、凝聚奋进力量，把握历史机遇，顺应时代潮流，以气壮山河的担当作为，奋力续写南水北调中线工程高质量发展新篇章，把中华民族复兴的历史伟业不断推向前进！

附 录

# 附录一

## 中线水源公司组织架构及主要职责

2004年8月，根据国务院原南水北调工程建设委员会批复的《南水北调中线水源工程项目法人组建方案》，水利部批准组建了中线水源公司。中线水源公司作为项目法人，负责南水北调中线一期丹江口水利枢纽大坝加高工程、丹江口库区移民安置工程和中线水源调度运行管理系统工程三个设计单元的建设管理。为落实建管责任，公司先后成立董事会、监事会，2005年12月又相继成立公司临时党委、纪委和工会组织。公司成立时，下设综合部、计划部、财务部、工程部、环境与移民部五个部门。

2014年12月12日，南水北调中线一期工程通水后，中线水源公司在履行项目法人职责的基础上，承担中线水源工程的运行管理工作，保证工程安全、库区安全、供水安全和国有资产的保值增值。进入运行期后，经长江水利委员会批复，中线水源公司内设机构调整为办公室、计划部、财务部、党群工作部（人力资源部）、技术发展部、工程管理部、供水管理部、库区管理部八个部门，其中各部门职责如下。

办公室职责主要包括：①协助公司领导落实上级及公司重大决策部署，负责公司重要事项的督办工作；②协助公司领导对各部门工作进行综合协调，负责组织综合性调研；③负责公司股东会、董事会、监事会、年度工作会、总经理办公会、月办公会议的组织；④负责秘书工作，组织起草公司综合性重要政务文稿工作，负责公司公文处理、保密、机要、印章、信访、政务宣传、普法、法律咨询、工商年检等工作；⑤负责公司档案工作的归口管理，负责公司文书档案管理和工程档案的接收、保管和利用，负责组织设计单元工程档案专项验收；⑥负责公司办公系统、档案信息系统及门户网站的建设运行管理；⑦负责公司接待工作的归口管理，负责公司办公区域管理、安全保卫和车辆管理、食堂物业等后勤管理工作；⑧负责公司工会日常工作；⑨其他相关工作等。

计划部职责主要包括：①负责公司中长期发展规划的研究和编制工作，组织公司改革和发展的专题研究；②负责建设项目前期工作，参与工程运行管理方案的研究制定工作；③负责公司投资计划管理工作，包括年度基建投资计划、运行期综合计划的编报与下达；④负责工程建设项目的概预算和运行管理项目的投资控制管理工作；⑤负责公司招投标的归口管理工作；⑥负责公司合同管理的归口管理工作；⑦负责公司资产的实物管理工作；⑧负责公司综合统计管理工作；⑨其他相关工作等。

财务部职责主要包括：①负责公司基本建设项目和运行管理项目的财务管理与会计核算工作；②负责制定和组织实施公司各项财务管理制度；③负责编制公司财务预算和基本建设项目资金预算；④负责公司财务报告的编报工作；⑤负责公司资金管理、资产价值管理和党费、工会经费受托核算工作；⑥负责公司内部审计工作，配合外部审计工作；⑦负责水费收缴工作，负责开展水价方面的工作；⑧负责处理公司涉税业务；⑨其他相关工作等。

党群工作部（人力资源部）主要包括：①负责公司党的建设日常工作，指导各党支部的党建工作；②负责公司党风廉政建设日常工作；③承担公司党的纪律检查日常工作；④负责公司党的宣传及意识形态、统战和共青团等工作，负责公司企业文化建设、精神文明建设工作；⑤负责公司党的会议的组织和文件报告的起草等工作；⑥负责公司干部队伍建设、干部管理和干部监督工作；⑦负责公司机构和人员编制管理工作，制定公司人力资源规划、年度计划和人力资源管理制度；⑧负责公司人事管理、劳资社保、表彰奖励、外事和离退休管理等工作；⑨其他相关工作等。

技术发展部职责主要包括：①负责公司科技研发、科研成果转化和新材料、新技术、新工艺应用等工作；②归口负责公司技术管理工作，组织推进公司能力建设等工作；③负责公司信息化和网络安全等工作，承担智慧水利和数字孪生建设管理等工作；④负责公司对外技术交流与合作工作，承担公司与科技类社团

的交流合作具体工作；⑤参与公司重大项目及投资的技术审查和可行性论证等工作；⑥其他相关工作等。

工程管理部职责主要包括：①负责丹江口大坝加高工程建设管理及运行维护管理工作；②负责运行管理专项工程项目建设及运行维护管理工作；③负责丹江口大坝加高工程设计单元、运行管理专项设计单元各阶段的验收工作；④负责丹江口大坝加高工程的安全度汛工作；⑤承担公司安全生产委员会办公室相关职责，负责公司安全生产的日常管理工作；⑥负责丹江口大坝加高工程的安全保卫和反恐工作；⑦负责公司技术管理相关工作；⑧负责推进丹江口大坝加高工程运行管理科学化建设工作；⑨其他相关工作等。

供水管理部职责主要包括：①负责供水的日常管理工作，参与供水调度计划的编制及执行等工作；②负责供水水质监测工作；③负责丹江口水质监测系统运行维护工作；④负责陶岔取水口供水水量计量、复核工作；⑤配合供水水质、水量应急与突发事故的处置等工作；⑥负责供水合同（协议）的谈判签订工作，协助配合水费结算与收缴工作；⑧其他相关工作等。

库区管理部职责主要包括：①负责丹江口大坝加高工程征地移民专项验收工作，负责坝区不动产证的办理工作；②负责丹江口水库建设征地与移民安置工程的专项验收工作，负责库区淹没土地不动产证的办理工作，参与丹江口水库移民后扶及稳定工作；③负责中线水源工程环境保护、水土保持专项验收工作；④负责丹江口水库征地范围内的土地、水域、岸线管理及界桩等管护设施的管理工作；⑤承担公司信息化领导小组办公室的日常工作；⑥负责丹江口库区鱼类增殖放流站运行维护管理工作；⑦负责丹江口水库诱发地震监测及地质灾害监测与防治管理工作；⑧配合开展丹江口水库水政监察工作；⑨其他相关工作等。

# 附录二

# 中线水源公司主要荣誉

| 序号 | 荣誉称号（名称） | 授予机关（部门） | 表彰时间 |
|------|------------------|------------------|----------|
| 1 | 南水北调工程文明建设管理单位 | 国务院原南水北调工程建设委员会办公室 | 2008 年 |
| 2 | 南水北调工程文明工地 | 国务院原南水北调工程建设委员会办公室 | 2008 年 |
| 3 | 青年文明号 | 国务院原南水北调工程建设委员会办公室青年文明号创建活动指导委员会 | 2009 年 |
| 4 | 南水北调工程建设质量管理先进集体 | 国务院原南水北调工程建设委员会办公室 | 2009 年、2010 年 |
| 5 | 南水北调工程建设安全生产管理优秀单位 | 国务院原南水北调工程建设委员会办公室 | 2009 年 |
| 6 | 工人先锋号 | 中国农林水利工会长江委员会 | 2009 年 |
| 7 | 全江优秀工会 | 中国农林水利工会长江委员会 | 2010 年 |
| 8 | 南水北调工程丹江口库区移民试点和干线征迁工作先进集体 | 国务院原南水北调工程建设委员会办公室 | 2010 年 |
| 9 | 南水北调系统资金管理先进单位 | 国务院原南水北调工程建设委员会办公室 | 2010 年、2011 年 |
| 10 | 先进基层党组织 | 中共长江水利委员会党组 | 2011 年 |

| 序号 | 荣誉称号（名称） | 授予机关（部门） | 表彰时间 |
|---|---|---|---|
| 11 | 2010 年度绩效考核先进单位 | 水利部长江水利委员会 | 2011 年 |
| 12 | 南水北调工程基建统计先进单位 | 国务院原南水北调工程建设委员会办公室 | 2011 年、2012 年 |
| 13 | 湖北省南水北调中线工程丹江口水库移民搬迁安置工作先进单位 | 中共湖北省委、湖北省人民政府 | 2012 年 |
| 14 | 南水北调工程建设先进单位 | 国务院原南水北调工程建设委员会办公室 | 2013 年 |
| 15 | 水力发电科学技术奖三等奖 | 水力发电科学奖励委员会、中国水力发电工程学会 | 2013 年 |
| 16 | 2013 年度绩效考核先进单位 | 水利部长江水利委员会 | 2014 年 |
| 17 | 湖北"五一"劳动奖状 | 湖北省总工会 | 2014 年 |
| 18 | 先进职工之家 | 中国农林水利工会长江委员会 | 2014 年 |
| 19 | 先进基层党组织 | 中共水利部长江水利委员会党组 | 2014 年、2016 年、2018 年、2021 年 |
| 20 | 南水北调移民先进单位 | 中共湖北省委、湖北省人民政府 | 2014 年 |
| 21 | 2014 年度绩效考核先进单位 | 水利部长江水利委员会 | 2015 年 |
| 22 | 南水北调东、中线一期工程建成通水先进集体 | 国家人力资源和社会保障部、国务院原南水北调工程建设委员会办公室 | 2016 年 |
| 23 | 长江水利委员会科学技术奖特等奖 | 长江水利委员会 | 2018 年 |
| 24 | 大禹水利科学技术奖二等奖 | 大禹水利科学技术奖奖励委员会 | 2018 年 |

| 序号 | 荣誉称号（名称） | 授予机关（部门） | 表彰时间 |
|---|---|---|---|
| 25 | 南水北调中线水源公司水利档案工作规范化管理二级单位 | 水利部办公厅 | 2019 年 |
| 26 | 国家水土保持示范工程 | 中华人民共和国水利部 | 2021 年 |
| 27 | 先进基层团组织 | 共青团长江水利委员会直属机关委员会 | 2022 年 |
| 28 | 长江水利委员会文明单位 | 水利部长江水利委员会 | 2022 年 |
| 29 | 湖北省直机关工委文明单位 | 湖北省委直属机关工委 | 2023 年 |
| 30 | 2022 年度绩效考核先进单位 | 水利部长江水利委员会 | 2023 年 |

# 附录三

## 中线水源公司大事记（2004—2022 年）

### 2004 年

6 月 1 日，中线水源公司在湖北省武汉市召开公司首次股东会暨一届一次董事会，形成了设立公司的有关决议。董事会选举徐尚阁为董事长、贺平为副董事长。董事会聘任杨浦生为副总经理，主持公司工作。

6 月 2 日，中线水源公司在湖北省丹江口市工商行政管理局登记注册成立。

7 月 26—27 日，中国国际工程咨询公司总经理包叙定一行到丹江口进行南水北调中线一期工程现场调研。湖北省副省长刘友凡、长江委副主任王忠法及公司董事长贺平、公司领导杨浦生、汤元昌、张小厅陪同考察。

8 月 12—16 日，中国国际工程咨询公司在北京市组织召开《南水北调中线一期工程项目建议书》评估会。

8 月 25 日，水利部下发《关于成立南水北调中线水源有限责任公司的通知》（水人教〔2004〕362 号），中线水源公司正式宣布成立。

10 月 21—22 日，国务院南水北调工程建设委员会专家委员会专家组考察中线水源工程。

10 月 25 日，国务院南水北调工程建设委员会第二次全体会议在北京市召开，长江委副主任、中线水源公司董事长徐尚阁参加会议。

11 月 13 日，南水北调主体工程 2004 年第二次融资工作会议在北京市召开，中线水源公司副总经理汤元昌参加会议。

11 月 15 日，国家发展和改革委员会（简称"国家发改委"）下发了《印发国家发改委关于审批丹江口水利枢纽大坝加高工程可行性研究报告的请示的通知》（发改农经〔2004〕2530 号）。

11月28—29日，国务院南水北调工程建设委员会办公室（简称"国务院南水北调办"）副主任李铁军一行在湖北省丹江口市实地考察大坝加高工程坝区征地移民情况，并听取了湖北省、长江委、十堰市、丹江口市、汉江集团公司和中线水源公司的汇报。

12月10—12日，由水利部水利水电规划设计总院（简称"水利部水规总院"）组织的《丹江口水利枢纽大坝加高工程初步设计报告》和《丹江口水利枢纽大坝加高工程坝区征地移民初步设计报告》复审会在北京市举行。中线水源公司领导汤元昌、齐耀华、张小厅等同志参加。

12月27日，国务院南水北调办下发《关于同意启动丹江口大坝加高工程左右岸施工道路和施工营地四通一平部分征地移民的复函》，同意启动坝区前期施工准备工作。

12月27日，湖北省移民局正式下达丹江口水利枢纽大坝加高工程移民搬迁安置补偿临时控制标准。

12月27日，中线水源公司与国家开发银行签订1亿元的技术援助贷款协议。

## 2005 年

1月4—6日，国务院南水北调办副主任宁远一行检查丹江口大坝加高工程施工前期准备工作，并实地查看丹江口大坝加高工程施工准备现场、丹江口库区、陶岔渠首。

1月5日，丹江口大坝加高工程右岸道路和施工营地涉及的居民、企业、单位开始移民、搬迁。

1月6日，中线水源公司与湖北省人民政府签订《南水北调中线水源工程前期施工准备工程坝区征地移民投资委托协议》，合同金额4680.83万元。

1月25—29日，国家发改委投资评审中心在湖北省丹江口市组织召开丹江口大坝加高工程初步设计概算评审会。

3月29日，南水北调东线、中线一期主体工程银团贷款合同签字仪式在北京人民大会堂举行。长江委副主任、中线水源公司董事长徐尚阁代表中线水源公司与银团各成员行签订了《南水北调中线一期（水源）主体工程银团贷款合同》和《南水北调中线一期（水源）主体工程银团贷款水费收费权质押合同》。

4月5日，国务院南水北调办在北京市召开南水北调工程征地移民工作会议。

4月18日，湖北省人民政府办公厅发文全面启动丹江口大坝加高工程坝区征地移民工作，要求湖北省移民局和各有关市、县于当年6月30日前完成坝区移民搬迁工作。

4月22日，国务院南水北调办在北京市组织召开南水北调工程项目法人座谈会。长江委副主任、中线水源公司董事长徐尚阁参加会议。

4月23—25日，水利部水规总院在北京市组织召开《南水北调中线一期工程陶岔渠首闸工程可行性研究报告》审查会议。中线水源公司副总经理汤元昌参加会议。

4月28日，国家发改委下发了《关于核定丹江口水利枢纽大坝加高工程初步设计概算的通知》（发改投资〔2005〕687号），核定丹江口水利枢纽大坝加高工程初步设计概算总投资为242525万元。

4月29日，水利部下发了《关于丹江口水利枢纽大坝加高工程初步设计报告的批复》（水总〔2005〕168号）。

5月10日，湖北省副省长刘友凡考察丹江口大坝加高工程前期准备施工及坝区征地移民现场，对全面启动坝区征地移民工作提出了工作要求。

5月11日，国务院南水北调办副主任李铁军到丹江口检查指导丹江口大坝加高坝区征地移民工作，协调移民、征地、资金等问题。

6月2日，湖北省移民局召集省国土资源厅、省林业局和中线水源公司在湖北省丹江口市召开协调会议，研究办理坝区土地、林地使用及林木砍伐有关手续问题。

6月14—15日，国务院南水北调办主任张基尧一行在湖北省省长罗清泉、副省长刘友凡和长江委副主任徐安雄的陪同下，考察丹江口大坝加高工程前期准备施工及坝区征地移民现场，并召开了专题会议。

7月13日，长江勘测规划设计研究院丹江口大坝加高工程设计代表处揭牌。

7月15—16日，国务院南水北调办经济与财务司司长朱卫东、投资计划司副司长王平生、政研中心主任王志民一行就工程投资"静态控制、动态管理"课题到中线水源公司调研。

7月20日，湖北省副省长刘友凡在武汉市主持召开专题会议，研究、协调丹江口大坝加高工程坝区土地和林地征用问题，湖北省办公厅、省国土资源厅、省林业局、省移民局、省南水北调工程领导小组办公室的负责同志和中线水源公司副总经理齐耀华出席会议。

8月10日，水利部副部长矫勇考察中线水源工程丹江口大坝加高工程建设工地，要求加强协调，做好工程施工进度、质量、安全、概算等工作。

8月21日，南水北调工程建设第二次协商会议在北京市召开。中线水源公司副总经理汤元昌参加会议。

9月13日，南水北调工程建设监管中心发文（监管综〔2005〕51号），决定成立南水北调中线丹江口大坝加高工程质量监督项目站。

9月21日，国土资源部以国土资厅〔2005〕544号文批复同意丹江口大坝加高工程先行用地。

9月21日，国务院南水北调办以国调办建管〔2005〕81号文批复同意丹江口水利枢纽大坝加高工程于9月26日开工建设。

9月22日，南水北调丹江口大坝加高工程质量监督项目站在中线水源公司院内挂牌成立。

9月24—29日，水利部在北京市主持召开《南水北调中线一期工程可行性研究总报告》审查会。

9月26日，丹江口大坝加高开工典礼在右岸施工营地隆重举行，国务院南水北调办副主任宁远、水利部副部长矫勇、湖北省人民政府副省长刘友凡、河南省人民政府省长助理刘其文出席典礼并致辞。

10月1—5日，湖北省丹江口市迎来了自1983年以来的最大洪水，在中线水源公司及参建各方的通力合作下，取得了首次防洪抢险工作的胜利。

10月18—19日，国务院南水北调办政研中心副主任欧阳琪到中线水源公司调研南水北调中线运营管理体制问题。

11月1日，国务院南水北调办在北京市组织召开《南水北调中线一期丹江口水利枢纽大坝加高工程施工技术规程》（送审稿）专家审查会。

11月25日，丹江口大坝加高主体工程第一仓混凝土在左岸25号坝段和右岸12号坝段同时开始浇筑，标志着丹江口大坝加高主体工程混凝土浇筑全面进入实施阶段。

11月28日，中线水源公司与湖北省移民局签订了坝区征地补偿、移民安置任务和投资包干协议。

12月29日，国务院南水北调办在北京市组织召开《丹江口大坝加高工程关键技术研究阶段成果报告》专题讨论会。

## 2006 年

1月16—18日，国务院南水北调办在北京市组织召开南水北调工程建设科技管理工作会议。

1月25日，湖北省省长罗清泉视察正在建设中的丹江口大坝加高工程。

2月16—24日，中国国际工程咨询公司组织的《南水北调中线一期工程可行性研究总报告》预评估会在湖北省武汉市召开。

2月22日，中线水源公司组织召开"第一枯水期"进度协调会，调整"第一枯水期"混凝土浇筑计划。

2月23日，湖北省丹江口市人民政府、汉江集团公司和中线水源公司联合发出公告，决定从3月1日上午8时起，对丹江口大坝坝面进行封闭管理。

3月9日，中线水源公司在湖北省丹江口市组织召开丹江口大坝加高水情测报系统、水文泥沙观测项目专题审查会。

3月21—25日，中国国际工程咨询公司在北京市组织召开《南水北调中线一期工程可行性研究总报告》评估会，国务院南水北调办副主任宁远、水利部副部长矫勇、中国国际工程咨询公司总经理包叙定、中线水源公司总工程师张小厅参加会议。

3月26日，全国政协委员、水利部原党组副书记、副部长敬正书率中央先进性教育巡视组视察中线水源工程。

4月21日，湖北省财政厅投资评审中心受财政部委托对丹江口大坝加高工程项目进行投资评审。

5月11日，国家发改委价格司副司长许昆林、财政部综合司副司长苑广睿一行考察丹江口大坝加高工程和丹江口库区。

5月25日，丹江口大坝加高工程施工区环境监理部在右岸施工营地正式挂牌。

5月31日，丹江口大坝加高工程"第一枯水期"混凝土浇筑目标顺利实现，主体工程各坝段均达到度汛形象高程和脱离基础约束区的要求。

6月21日，长江委党组书记、主任蔡其华一行考察丹江口大坝加高工程现场。

6月21—23日，中共中央政治局委员、国务院副总理曾培炎在中共中央政治局委员、湖北省委书记俞正声、湖北省人民政府及长江委负责人陪同下，考察丹江口大坝加高施工现场和移民新村，视察丹江口水库水质情况，并听取湖北省和长江委有关工作汇报。

8月16日，湖北省水利厅在湖北省武汉市主持召开《南水北调中线水源工程丹江口大坝加高采砂可行性论证报告》审查会议。

9月19日，澳门特别行政区第十届全国人大代表团到丹江口视察南水北调中线水源工程建设。

10月13日，丹江口大坝加高工程"第二枯水期"混凝土施工正式启动。

10月16日，国家发改委副主任杜鹰一行视察南水北调中线水源工程，要求进一步做好丹江口水库的水土保持和水污染防治，按时保质保量完成工程建设各项任务。

10月17—19日，经外交部、国家广播电影电视总局及国务院南水北调办批准，英国WALL TO WALL电视制作公司摄制组一行4人，对丹江口大坝加高工程的施工进展情况进行了拍摄。这是工程开工建设以来首次涉外宣传活动。

10月22—25日，国务院南水北调工程建设委员会专家委员会在湖北省丹江口市召开中线水源工程丹江口大坝加高技术专题研讨会，对丹江口大坝加高工程建设中遇到的技术难题进行分析和研讨，形成了咨询意见。

附录

12月5日，长江委主任、党组书记蔡其华到丹江口大坝加高工程施工现场检查指导工作，慰问工程建设者。

12月6日，南水北调中线水源工程重要的配套工程——丹江口施工大桥正式建成通车。

12月11日，丹江口大坝加高深孔坝段贴坡混凝土全部完成，并率先达到原坝顶162.0米高程，标志着该部位贴坡混凝土施工阶段结束，即将进入坝体加高的施工阶段。

12月，全年累计浇筑混凝土43.86万立方米，超额完成37.16万立方米的年计划。全年丹江口大坝加高工程施工未发生一起安全和质量事故，实现月计划、年度计划"双超"和质量、安全事故"双零"的目标。

# 2007 年

3月7日，丹江口大坝第一仓加高混凝土开始浇筑。

3月9—11日，长江委总工程师、中国工程院院士郑守仁等水利专家一行10人赴丹江口大坝加高工程进行调研，对相关施工技术问题提出了专家意见。

3月31日，水利部副部长矫勇到丹江口大坝加高工程工地考察工程建设情况。

4月25日，国务院副秘书长陈进玉到南水北调丹江口大坝加高工程工地视察工作。

5月6—7日，长江勘测规划设计研究院在丹江口主持召开丹江口大坝初期工程混凝土裂缝检查与处理专题专家咨询会，提出专家咨询意见和建议。

5月13日，审计署审计组进驻中线水源公司，对南水北调中线水源工程投资、建设、征地补偿及移民安置等情况进行现场审计。

6月1—2日，国务院南水北调办主任张基尧考察南水北调中线水源工程，就加快工程建设、库区生态发展规划等问题提出了工作要求。

6月23日15时30分，丹江口大坝加高工程贴坡混凝土全线达到老坝顶162米高程。

7月9日8时30分，南水北调中线水源工程丹江口大坝13号坝段加高混凝土浇筑率先达到176.6米高程，标志着丹江口大坝加高施工全面转入加高混凝土浇筑阶段。

9月14日上午，中线水源公司组织召开南水北调中线水源工程丹江口大坝加高质量工作会议，对质量管理工作进行安排部署。

10月26—27日，中线水源公司在湖北省武汉市组织召开《丹江口大坝初期坝体混凝土裂缝及缺陷检查与处理专题报告》审查会，形成专家审查意见。

11月14—15日，中线水源公司在湖北省应城市组织召开《丹江口水库建设征地移民安置试点方案工作细则》讨论会，形成了会议纪要。

12月24日，湖北省委书记罗清泉考察中线水源丹江口大坝加高工程。

## 2008 年

1月17—19日，国务院南水北调办在江苏省南京市组织召开南水北调工程建设工作会议。中线水源公司总经理王新友参加会议。

3月4—5日，国务院南水北调办在湖北省丹江口市主持召开南水北调工程2008年度安全生产工作暨文明工地表彰会议。

3月6日，国务院南水北调办副主任张野到中线水源公司进行调研，要求做好度汛和初期工程大坝裂缝等缺陷的检查处理工作。

5月9日，湖北省委常委、副省长汤涛一行考察南水北调中线水源工程。中线水源公司领导王新友、汤元昌陪同考察。

5月10日，丹江口大坝加高深孔8号坝段最后一罐混凝土入仓，丹江口大坝加高深孔坝段全线达到176.6米的新坝顶高程。

5月13—24日，国家发改委联合国务院南水北调办对中线水源工程进行稽查。

8月14日，湖北省省长李鸿忠率省人大、省农业厅、省移民局等有关部门负责人一行视察南水北调中线水源工程。中线水源公司领导贺平、汤元昌陪同考察。

8月31日，国务院南水北调办副主任宁远一行考察丹江口大坝加高工程。中线水源公司领导王新友、汤元昌、齐耀华陪同考察。

9月1—2日，水利部部长陈雷一行考察南水北调中线水源工程。长江委主任蔡其华、副主任钮新强，中线水源公司领导贺平、王新友、汤元昌、齐耀华、黄秋洪、张小厅陪同考察并参加汇报会。

9月18日，中线水源公司总经理王新友与中标单位中国水电建设集团夹江水工机械有限公司代表签订了丹江口大坝加高工程升船机设备采购合同，合同总金额14928万元。

10月21—22日，国务院南水北调工程建设委员会专家委员会在北京市组织召开丹江口大坝溢流面暂缓加高专家审查会。中线水源公司总经理王新友、总工程师张小厅参加会议。

10月31日，国务院南水北调工程建设委员会第三次会议在北京市召开。中线水源公司总经理王新友列席会议。

11月4—7日，国务院南水北调办在江苏省南京市组织召开南水北调工程投资控制工作座谈会。中线水源公司总经理王新友、副总经理齐耀华参加会议。

11月18—22日，国务院南水北调工程建设委员会专家委员会在湖北省丹江口市组织召开丹江口大坝加高工程质量检查会。检查组认为工程质量体系健全，运行良好，各项工程质量均处于受控状态。

11月22—24日，《南水北调中线一期丹江口大坝加高工程初期大坝混凝土缺陷检查与处理报告》审查会在湖北省丹江口市召开，会议形成了审查意见。国务院南水北调办、水利部南水北调规划设计管理局、水利部水规总院、中线水源公司、汉江集团公司、长江勘测规划设计研究院的代表参加了会议。

12月28日，丹江口大坝加高工程右岸土石坝与混凝土坝接头部位到顶，标志着右岸土石坝工程全线达到176.6米的设计高程。

# 2009 年

2月26日，南水北调中线兴隆水利枢纽工程正式开工。

3月19日，长江委副主任杨淳考察丹江口大坝加高工程。

3月24日，水利部党组成员、中共中央纪律检查委员会（简称"中纪委"，"纪律检查"简称"纪检"）驻水利部纪检组长董力一行在长江委主任蔡其华、长江委纪检组长陈飞的陪同下，对丹江口大坝加高工程进行考察。

4月20日，丹江口大坝加高工程的闸墩全部加高到176.6米的设计高程。

4月26—29日，受国务院南水北调办委托，水利部水规总院在丹江口组织召开《南水北调中线水源丹江口水利枢纽大坝加高工程价差报告》审查会。中线水源公司副总经理齐耀华参加会议。

4月28—29日，国务院南水北调办在河南省郑州市组织召开南水北调工程建设质量安全工作会议。中线水源公司被评为"南水北调工程质量、安全先进管理单位"。

5月19日，由《人民日报》、新华社、中央电视台、中央人民广播电台、《中国日报》、《光明日报》、《科技日报》、中国新闻社、《中国水利报》、《中国南水北调报》等中央媒体组成的采风团对南水北调中线水源工程进行了采风。

5月22日，国务院南水北调办主任张基尧一行在湖北省副省长汤涛陪同下对丹江口大坝加高工程进行考察。

6月20日，丹江口大坝加高工程顺利实现坝顶全线贯通，2台5000kN坝顶门机具备启闭闸门条件。

8月5日，受连日来上游持续降雨影响，丹江口水库水位一度上涨，并超过汛限水位。5日上午8时50分，丹江口大坝当年来首次开闸泄洪。

8月16日和20日，河南省、湖北省分别进行首批库区移民迁入新居欢迎仪式。

8月17日，中央电视台《当代工人》栏目组赴丹江口大坝加高工程施工现场录制节目。

9月17日，河北省副省长张和率省水利厅、省南水北调办、省发改委、省财政厅等部门一行 14 人考察丹江口大坝加高工程及丹江口水库。湖北省人民政府、省水利厅、省南水北调办有关负责同志及中线水源公司副总经理汤元昌陪同考察。

10 月 26—28 日，水利部与国务院南水北调办组成联合检查组，对中线水源公司贯彻落实国家发改委稽查整改意见情况进行检查。

12 月 16 日，国务院南水北调办在北京市组织召开 2010 年移民资金计划安排协调会议。中线水源公司领导王新友、齐耀华参加会议。

12 月 28 日，国务院南水北调办在北京市组织召开南水北调工程 2010 年建设工作会议。中线水源公司领导王新友、汤元昌参加会议。

## 2010 年

3 月 31 日，丹江口大坝加高工程 54 个混凝土坝段中的最后一个坝段——18 号坝段加高到 176.6 米设计高程，至此丹江口大坝加高工程混凝土坝段全部加高到设计高程。

4 月 12 日，河南省人民政府在河南省南阳市召开丹江口库区第一批移民迁安阶段性工作会。中线水源公司总经理王新友参加会议。

4 月 14—15 日，国务院南水北调办在河北省石家庄市组织召开南水北调工程建设管理工作座谈会。中线水源公司领导王新友、汤元昌参加会议。

4 月 21—22 日，国务院南水北调办在山东省青岛市组织召开 2010 年南水北调前期工作和投资计划管理协调工作会议。中线水源公司总工程师张小厅参加会议。

4 月 21 日 18 时 24 分，丹江口大坝加高工程电厂改造项目完成改造的第一台机组（4 号机组）顺利通过 72 小时带负荷试运行，机组运行状况良好。

5 月 7—12 日，国务院南水北调办在河南省郑州市组织召开南水北调河南段工程建设座谈会。中线水源公司领导王新友、齐耀华参加会议。

6 月 24 日，国务院南水北调办主任张基尧一行考察南水北调中线水源丹江口大坝加高工程。中线水源公司总经理王新友陪同考察。

7月22日13时30分，丹江口大坝开启四孔深孔闸门泄洪。

7月25日4时，丹江口水库入库流量达到34100立方米每秒，这是汉江发生的历史第二大洪水（1983年10月6日，汉江历史上最大入库洪峰流量34300立方米每秒）。

8月22日，丹江口大坝加高工程垂直升船机4号轨道梁开始进行安装，标志着升船机金结设备安装施工全面启动。

8月26日8时，丹江口水库迎来汉江第四次最大洪水入库，入库流量11900立方米每秒。

9月8日，丹江口大坝加高工程升船机支墩全部加高到顶。

9月25—27日，国务院南水北调工程建设委员会专家委员会在北京市组织召开《丹江口大坝加高工程溢流坝堰面延期加高重大设计变更报告》评审会。中线水源公司领导齐耀华、张小厅参加会议。

10月9日，中共中央政治局常委、国务院副总理、国务院南水北调工程建设委员会主任李克强在河南省南阳市主持召开南水北调工程建设工作座谈会。中线水源公司总经理王新友参加会议。

10月18日，南水北调工程建设监管中心组织质量监督巡查组对丹江口大坝加高工程进行质量监督专项巡查。

10月24日，中共中央政治局常委、中纪委书记吴官正在湖北省委书记罗清泉的陪同下考察丹江口大坝加高工程。

10月27日，国务院南水北调办主任鄂竟平一行考察丹江口大坝加高工程。湖北省副省长田承忠、长江委副主任马建华以及湖北省、十堰市、丹江口市、汉江集团公司、中线水源公司有关单位的领导陪同考察。

11月11—12日，"十一五"国家科技支撑计划课题"丹江口大坝加高工程关键技术研究"专题验收会在湖北省武汉市进行。

11月19日，国务院南水北调办在北京市组织召开南水北调工程建设进度协调会。中线水源公司总经理王新友参加会议。

12月31日，长江委主任蔡其华考察正在施工的丹江口大坝加高工程。中线水源公司总经理王新友汇报了工程建设情况和库区征地移民工作进展情况。

## 2011 年

3月1日，中共中央政治局常委、国务院副总理、国务院南水北调工程建设委员会主任李克强主持召开国务院南水北调工程建设委员会第五次会议并讲话。李克强强调，要按照加快建设资源节约型、环境友好型社会的要求，加强水资源节约、保护和优化配置，努力把南水北调工程建成质量优、效益好、惠民生的放心工程。

中共中央政治局委员、国务院副总理、国务院南水北调工程建设委员会副主任回良玉出席会议并讲话。他肯定南水北调工程建设取得的成绩和发挥的效益，强调要加强对工程建设和移民安置工作的组织领导和统筹协调，以对党和人民高度负责的精神完成好各项任务。

3月21日，国务院南水北调办副主任于幼军一行在湖北省副省长张通陪同下考察丹江口大坝加高工程。中线水源公司党委书记贺平，总经理王新友，副总经理汤元昌、齐耀华、黄秋洪，总工程师张小厅及湖北省十堰市、丹江口市的领导陪同考察。

4月9日，丹江口大坝138米高程以下堰面局部加高堵水叠梁安装开始施工，标志着丹江口大坝堰面加高工程正式启动。

4月10日，水利部纪检组长董力、原纪检组长张印忠一行考察了丹江口大坝加高工程。长江委副主任熊铁，中线水源公司党委书记贺平、总经理王新友、副总经理黄秋洪、总工程师张小厅陪同考察。

4月23日，原全国政协副主席杨汝岱一行考察丹江口大坝加高工程。中线水源公司总经理王新友汇报了中线水源工程概况和工程建设进展情况。

5月5日，国务院南水北调办副主任张野一行考察丹江口大坝加高工程建设情况，就工程建设、枢纽度汛及老坝体缺陷处理提出要求。中线水源公司总经理王新友、副总经理汤元昌、总工程师张小厅及长江勘测规划设计研究院领导一起陪同调研。

5月11日，丹江口大坝加高工程20个溢流孔坝段右孔堵水叠梁水下混凝土封堵施工全线完成，较原计划提前近20天。丹江口大坝加高工程又一技术性难题得到圆满解决。

5月20—21日，中线水源公司组织召开了丹江口水库诱发地震监测系统建设实施方案设计专题审查会，湖北省地震局、河南省地震局、汉江集团公司、长江勘测规划设计研究院的专家、代表参加会议。

5月31日，中共中央总书记、国家主席、中央军委主席胡锦涛视察丹江口大坝加高工程。胡锦涛希望有关方面按照中央要求，进一步把丹江口水库建设好、管理好、维护好，同时抓好移民安置、环境保护、配套工程建设，为加快南水北调工程建设做出更大的努力。胡锦涛还明确提出，当前特别要针对汉江流域的严重旱情，加强水库下泄流量的科学调度，帮助群众有效缓解生产生活用水困难，把大型水利枢纽在抗旱中的重要作用充分发挥出来。

6月4日，中共中央政治局常委、国务院总理温家宝视察丹江口大坝加高工程。温家宝强调有四个重大问题应该全面考虑：第一是水质问题。要保证一廊清水到北京市，这既涉及库区周边水环境，也涉及南水北调沿途输送环境。二是移民问题。要保障移民得到妥善安置和长期稳定就业。三是汉江水环境容量问题。要密切关注汉江水环境的变化，防止水体富营养化。四是水资源利用和保护生态环境的关系。水利工程给生态环境带来了影响，生态环境的变化也会给水利工程带来影响，要综合考虑。

6月24日，中线水源公司组织召开了丹江口大坝加高工程溢流堰面加高施工组织设计专题审查会，来自设计、监理、汉江集团公司、施工单位的代表参加了会议，形成了审查意见。

7月8日，丹江口大坝加高工程左岸土石坝左联接头段填筑到顶。

7月25日，原全国政协副主席张怀西一行考察南水北调中线丹江口大坝加高工程。

8月11—12日，受国务院南水北调办的委托，中国水利水电科学研究院在湖北省丹江口市组织召开丹江口大坝加高工程大坝专项安全鉴定专题会。中国工程院院士郑守仁、陈厚群，中国工程设计大师高安泽、徐麟祥等国内大坝安全鉴定的专家参加了会议。与会专家实地勘察了老坝体缺陷处理情况，查阅了相关资料，讨论了安全鉴定工作方案和专项研究大纲，确定了开展专项研究的典型坝段，提出了需要补充完善的资料。

11月9日，南水北调中线丹江口大坝加高工程溢流坝段加高开始混凝土浇筑。

11月15日，长江委主任蔡其华对丹江口大坝加高工程进行考察。

12月9日，国务院南水北调工程建设委员会专家委员会主任陈厚群院士、副主任高安泽、中国工程院院士郑守仁、专家委秘书长沈凤生一行对丹江口大坝加高工程进行调研。

12月20日，国务院南水北调办主任鄂竟平一行对丹江口大坝加高工程进行考察。国务院南水北调办副主任蒋旭光、湖北省副省长田承忠、公司总经理王新友、副总经理汤元昌、总工程师张小厅陪同考察。

12月24日，丹江口大坝溢流堰面加高首战告捷，第一个节点考核目标按计划完成。

12月27日，丹江口大坝溢流堰面加高工程又一控制性节点目标——钢叠梁门安装顺利完成。

## 2012 年

1月11—13日，2012年国务院南水北调工程建设工作会议在江苏省南京市召开，国务院南水北调办党组书记、主任鄂竟平出席会议并讲话。国务院南水北调办党组成员、副主任张野、蒋旭光、于幼军出席会议，江苏省副省长徐鸣到会致辞。中央各部委、国务院南水北调办机关各司、直属事业单位、工程沿线办事机构、移民机构、环保机构及各项目法人主要负责同志参加会议。

2月29日，中线水源公司组织召开了丹江口大坝加高工程4号、5号机组启动验收会，来自设计、施工、监理、厂家、运行单位的代表参加了会议。会议认为机组的各项指标符合相关规程规范的要求，同意通过验收。

3月27—29日，国务院南水北调办副主任张野一行调研南水北调中线水源工程。

4月6日上午10时，按照国务院南水北调办的统一部署，中线水源公司举行南水北调一期工程通水倒计时牌揭牌仪式，向全社会庄严宣告：30个月后，清澈甘甜的汉江水将一路北上，润泽京津。

4月11日，审计署成都特派办审计组进驻中线水源公司，对中线水源工程进行全面审计，同时负责库区征地移民工程审计的武汉市特派办、郑州市特派办也相继进场。

4月16日，全国人大教科文卫委员会主任委员白克明、副主任委员刘振起率全国人大常委会文物保护执法检查组一行到丹江口大坝加高工程进行调研。

4月25日，国家发改委基础产业司司长黄民一行12人到丹江口大坝加高工程进行调研。

4月26日21时30分，24号坝段左孔最后一车混凝土入仓，该枯水期历时6个月的堰面加高达到设计高程。这标志着丹江口大坝加高工程又一关键节点目标在2012年汛前顺利实现。

5月15日，国务院南水北调办副主任于幼军率国家旅游局、文化部、国务院南水北调办联合调查组，对丹江口库区生态文化旅游发展规划进行专题调研，并对丹江口大坝加高工程进行考察。

5月17日，全国人大副委员长、全国妇联主席陈至立视察丹江口大坝加高工程。湖北省、十堰市、丹江口市、汉江集团公司、中线水源公司的领导陪同考察。

5月27日，十届全国政协副主席李蒙视察丹江口大坝加高工程。湖北省政协副主席陈天会、中线水源公司副总经理黄秋洪以及湖北省十堰市、丹江口市、汉江集团公司的领导陪同考察。

5月30日，由水利部和中国作家协会联合开展的"行走长江看水利"中国作家长江采风团一行20余人，在长江委副主任熊铁、副总工程师刘振胜的陪同下，到南水北调中线水源工程丹江口大坝加高现场参观考察。

5月30日，中共湖北省委常委、省军区司令员汪金玉率领省防汛抗旱指挥部办公室的负责同志，到丹江口大坝加高工程现场，实地考察防汛准备工作。

6月7日，国务院南水北调办主任鄂竟平，在湖北省副省长田承忠和长江委副主任陈晓军的陪同下，察看正在施工中的丹江口大坝溢流堰面加高现场。

6月19日，国务院南水北调办在湖北省丹江口市组织召开丹江口库区移民进度商处会，国务院南水北调办副主任蒋旭光及征地移民司、经财司领导参加了会议。

8月18—19日，国务院南水北调办违法分包转包专项整治工作检查组对中线水源公司自查自纠工作和整改情况进行专项检查。

8月19日，中共中央政治局委员、国务委员刘延东一行视察南水北调中线水源丹江口大坝加高工程。刘延东对工程建设取得的成绩给予肯定，要求在保证工程建设质量的前提下，继续做好后续工程的施工，确保按期实现通水目标。

11月2日，国务院南水北调办批复《南水北调中线水源供水调度运行管理专项工程初步设计》首批项目，核定概算投资3431万元。

11月7日，丹江口大坝升船机安装调试圆满完成，至此大坝加高工程具备通航能力。升船机过船规模由150吨级扩大为300吨级，垂直升船机的提升高度由45米加大为62米。

11月27日，中线水源公司组织召开丹江口大坝加高工程坝区建筑规划设计专题审查会，形成了审查意见。

11月29日，长江委主任刘雅鸣对丹江口大坝加高工程进行调研。

12月12—13日，国务院南水北调工程建设委员会专家委员会在湖北省丹江口市组织召开《南水北调中线工程丹江口大坝加高钢闸门及埋件加固修复验收质量检测标准》技术咨询会。专家委副主任宁远、秘书长沈凤生、院士郑守仁等部分委员和特邀专家，以及南水北调工程建设监管中心、丹江口大坝加高工程质量监督项目站、汉江集团公司、设计、监理和施工单位的代表参加了会议。

12月27日，中线水源公司组织召开丹江口大坝加高工程蓄水验收启动会议。中国水利水电科学研究院、长江勘测规划设计研究院、西北监理中心、汉江集团公司、质量监督站、施工单位的代表参加了会议。

## 2013 年

1月29日、2月1日，丹江口大坝加高工程20、19号坝段溢流堰面分别加高至设计高程，较预定计划提前2个月完成。

2月22日，水利部党组副书记、副部长矫勇一行到汉江集团公司、中线水源公司调研，实地考察丹江口大坝加高工程，看望慰问干部职工并与两公司公司领导班子座谈。长江委党组书记、主任刘雅鸣主持座谈会。

3月19日，国务院南水北调办副主任蒋旭光率建管司、财务司、监督司、移民司相关人员，对丹江口大坝加高工程进度情况进行专项检查。

5月27日，14号坝段溢流堰面最后一仓混凝土浇筑完成，标志着丹江口大坝加高主体工程全部完建。

5月，中国水利水电科学研究院向中线水源公司提交了《南水北调中线一期丹江口大坝加高蓄水安全评估（鉴定）报告》。报告认为："丹江口水利枢纽初期工程已正常运行了40年，经历过设计洪水位的考验，大坝是安全的。大坝加高工程各项水工建筑物设计考虑了大坝加高的特点，各项设计指标符合规范规定；土建工程、金属结构工程、安全监测工程的施工和安装质量满足国家和行业有关技术标准、设计及工程合同文件的要求。大坝新老混凝土工程结合面采取了传力和排水措施，能够保证加高后大坝的整体受力和运行安全。与蓄水有关的未完工项目按计划完成后，丹江口大坝加高工程可具备蓄水条件。"

6月8日，丹江口电厂6号水轮机改造安装工程顺利通过了验收，标志着丹江口大坝加高工程机组改造项目全部完工。

6月25日，长江委副主任、中线水源公司董事长熊铁检查丹江口大坝加高工程建设工作。

8月22日，库区征地移民工程顺利通过国务院南水北调办组织的蓄水前终验。

8月29日，丹江口大坝加高工程通过国务院南水北调办组织的蓄水验收，水库具备蓄水条件。

10月9日，国家开发银行企业局局长刘振喜和国务院南水北调经财司司长

朱卫东一行 6 人组成的调研组到中线水源工程进行调研。

11 月 27 日，国务院南水北调办主任鄂竟平一行对丹江口大坝加高工程进行考察。国务院南水北调办有关司、湖北省、十堰市、丹江口市的领导陪同考察。

## 2014 年

2 月 11 日，长江委主任、党组书记刘雅鸣，水利部人事司司长侯京民，长江委副主任、中线水源公司董事长熊铁一行来到丹江口大坝，了解水源工程建设情况和丹江口水库蓄水情况。

3 月 18—19 日，国务院南水北调办副主任于幼军一行对丹江口大坝加高工程环境景观项目进行了专题调研。

4 月 29 日，在湖北省庆祝"五一"国际劳动节暨表彰大会上，中线水源公司被授予"湖北'五一'劳动奖状"。

8 月 28 日，国家发改委、财政部、水利部、国务院南水北调办在湖北省丹江口市联合召开南水北调中线工程水价工作座谈会。会议由国家发改委价格司副司长周望军主持，与会各方围绕南水北调中线工程水价定价原则、水价构成要素、水价测算方式等问题进行了讨论和协商。

10 月 17 日 14 时，丹江口水库水位达到 160.08 米，超过了历史上的最高水位 160.07 米。

11 月 1 日，南水北调中线一期工程通水试验开始。

12 月 12 日，南水北调中线一期工程正式通水。中共中央总书记、国家主席、中央军委主席习近平作出重要指示，强调南水北调工程是实现我国水资源优化配置、促进经济社会可持续发展、保障和改善民生的重大战略性基础设施，中线一期工程正式通水是中国改革开放和社会主义现代化建设的一件大事，成果来之不易，并对工程建设取得的成就表示祝贺，向全体建设者和为工程建设做出贡献的广大干部群众表示慰问。习近平指出，南水北调工程功在当代、利在千秋，希望继续坚持先节水后调水、先治污后通水、先环保后用水的原则，加强运行管理，深化水质保护，强抓节约用水，保障移民发展，做好后续工程筹划，使之不断造福民族、造福人民。

12月31日，中共中央总书记、国家主席、中央军委主席习近平发表2015年新年贺词。其中特别指出，12月12日，南水北调中线一期工程正式通水，向为工程做出无私奉献的沿线40多万移民致敬，希望他们在新的家园生活幸福。

## 2015 年

4月9日，全国政协委员、中国农林水利工会主席盛明富率调研组考察丹江口大坝加高工程。长江工会常务副主席陈功奎，中线水源公司董事长、党委书记胡甲均，总经理吴志广、副总经理张彬陪同调研并参加座谈。

4月22—23日，中共中央政治局常委、国务院副总理、国务院南水北调工程建设委员会主任张高丽在河南省调研南水北调工程建设管理有关工作。23日上午，在河南省南阳市召开南水北调工程建设管理工作座谈会，传达学习总书记习近平和总理李克强关于南水北调建设管理的重要指示批示精神，听取南水北调工程工作情况汇报，研究部署下一阶段工作。

5月22—23日，长江委副主任陈琴率长江流域水资源保护局、长江委水资源管理局等相关单位领导考察中线水源工程，并与中线水源公司、汉江集团公司就水资源管理与保护工作进行座谈。

6月4日，国务院南水北调办在河南省郑州市召开南水北调工程运行监管工作会议，国务院南水北调办副主任蒋旭光出席会议并讲话。

7月1日2时，丹江口水库迎来年度首场洪水，水库充分发挥拦洪削峰作用，将入库洪峰流量为6660立方米每秒的洪水全部拦蓄。

7月2日，国务院南水北调办副主任蒋旭光对丹江口大坝加高工程的防汛工作和运行管理工作进行专项检查。

7月2日，丹江口水利枢纽2015年度防汛指挥部成立大会召开。国家防汛抗旱总指挥部办公室副处长吕行，长江委防汛抗旱总指挥部办公室副巡视员王井

泉，十堰市人民政府副秘书长黄太平，汉江集团公司、中线水源公司董事长、党委书记胡甲均，中线水源公司总经理吴志广、副总经理汤元昌，丹江口水利枢纽管理局局长，汉江集团公司总经理胡军、副总经理曾凡师及湖北省十堰市军分区、郧阳区、丹江口市、襄阳市，以及河南省南阳市淅川县等地丹江口水利枢纽防汛指挥部其他成员单位的负责人参加了成立大会。

7月10日，中线水源公司在湖北省丹江口市召开丹江口大坝加高工程抗冲磨防护材料采购与施工合同验收会议，讨论并通过了合同项目验收鉴定书，标志着丹江口大坝加高工程合同验收工作全面启动。

7月19日，首批"中国好水"颁奖仪式在北京市举行，南水北调中线工程水源地——湖北省丹江口水源地入围。此次共有5个水源地入选首批"中国好水"水源地，另4个分别为吉林省靖宇县水源地、江苏省沛县水源地、浙江省千岛湖水源地、广东省万绿湖水源地。

10月13—16日，国务院南水北调办成功举办"金秋走中线·饮水话感恩"京津市民代表考察南水北调中线工程活动。国务院南水北调办党组书记、主任鄂竟平15日出席考察座谈会并讲话，河南省副省长王铁致辞。京津市民代表、中央和地方媒体记者等70余人参加活动。

10月19日，全国政协副主席、民盟中央常务副主席陈晓光带领汉江水资源可持续利用专题调研组视察丹江口大坝加高工程。

10月31日，南水北调中线工程首个水量调度年度结束，丹江口水库通过陶岔渠首枢纽向北方累计供水21.67亿立方米。

12月14日，长江委在湖北省武汉市组织召开《丹江口水利枢纽调度规程》《长江上游控制性水库优化调度方案编制》专题研究成果技术审查会。长江委副主任魏山忠出席会议并讲话，长江委副总工程师金兴平主持了技术审查会。

12月25日，长江委主任刘雅鸣对南水北调中线水源工程进行调研。

## 2016 年

1 月 26—27 日，2016 年南水北调工作会议在北京市召开。国务院南水北调办主任鄂竟平做工作报告；中纪委派驻纪检组组长田野出席会议并讲话；国务院南水北调办副主任张野、蒋旭光、王仲田出席会议。

3 月 10 日，江苏省水利厅厅长李亚平一行对中线水源工程进行调研。长江委副主任胡甲均、中线水源公司副总经理汤元昌、汉江集团公司副总经理陈家华陪同调研。

7 月 25 日，水利部党组成员、中央纪委驻水利部纪检组组长田野到丹江口水利枢纽检查防汛工作。

8 月 8 日，素有"水中大熊猫"之称的桃花水母，首次大面积出现在丹江口库区。桃花水母又称"桃花鱼"，是一种在淡水中生活的小型水母，诞生于 6.5 亿年前，被誉为生物进化研究的"活化石"，是世界级濒危物种。

9 月 6—9 日，国务院南水北调办举办"同饮一江水"中线水源豫、鄂、陕三省群众代表考察南水北调中线工程活动。

12 月，水利部正式批复《丹江口水利枢纽调度规程（试行）》。该规程是丹江口水利枢纽首次拥有正式的调度规程。

## 2017 年

1 月 6—8 日，国务院南水北调办设计管理中心主任赵存厚一行到中线水源公司调研南水北调工程验收有关问题。

1 月 12—13 日，2017 年南水北调工作会议在北京市召开，国务院南水北调办主任鄂竟平做工作报告。国家公务员局副局长张义全出席会议并宣布表彰决定。中纪委派驻纪检组组长田野，国务院南水北调办副主任张野、蒋旭光出席会议。

3 月 13 日，中线水源公司与湖北省丹江口市人民政府座谈会召开，双方相

附录

157

互通报工作情况，并就水资源保护、库区执法检查、建立联络机制等事宜进行深入交流。会议决定建立定期联络机制，加强沟通对接，齐心协力共同保护好南水北调中线核心水源区的水质安全，实现共同发展。

4月19日，国务院南水北调办经财司司长熊中才一行对中线水源公司进行调研，并对2016年南水北调工程建设资金专项审计工作情况进行巡视检查。

4月，国务院发布第九批国家级风景名胜区名单，丹江口水库风景名胜区作为该次湖北省唯一代表入选全国19个风景名胜区。

5月22日，全国政协副主席、致公党中央主席、国家科学技术部部长万钢一行来丹江调研考察企业科技创新、丹江口水库水资源保护和开发、利用，南水北调中线工程建设等工作。

7月13日，国务院南水北调办副主任张野对丹江口大坝加高工程防汛工作进行专项检查。

10月9日，水利部副部长、长江防汛抗旱总指挥部常务副总指挥、长江委主任魏山忠一行赴丹江口水利枢纽，现场检查水库防汛和蓄水安全工作。魏山忠强调，要贯彻落实好国家防汛抗旱总指挥部、水利部和长江防汛抗旱总指挥部的各项要求，继续发扬前阶段防汛、蓄水工作的优良作风，全力以赴做好丹江口大坝安全运行管理各项工作。

10月29日，丹江口水库水位持续上涨并不断突破历史水位，超过初期坝顶高程（162米），最高达到167米水位。大坝加高工程首次经受高水位的考验，为验收创造条件。由于来水量大，丹江口水库两次泄洪，其中第二次泄洪持续24天，为该水库历史上持续时间最长的一次泄洪。南水北调中线工程抓住弃水时机，向河南省生态补水3.35亿立方米，变洪水为资源，改善了沿线生态环境。

11月2日，国务院南水北调工程建设委员会第八次全体会议在北京市召开。国务院副总理、国务院南水北调工程建设委员会主任张高丽主持会议并讲话。中共中央政治局常委、国务院副总理、国务院南水北调工程建设委员会副主任汪洋出席会议。

11月6日，湖北省丹江口市至河南省淅川县的二级公路开工，建成后将成为丹江口大坝至南水北调中线工程取水口的最便捷通道。

11月8日，国务院南水北调办副主任张野对中线水源工程的防汛和蓄水工作进行了检查并主持召开工作座谈会。张野强调，丹江口水库2017年冬至2018年春将保持在高水位运行，要充实完善安全监测资料和做好分析评估，为工程完工验收奠定基础；要抓紧调度运行管理系统管理用房和安全监测系统的建设，尽早投入运行；要加强对大坝变形、渗漏、应力应变、新老坝体结合部等的观测，发现问题及时处理；要加强机电设备的管控，确保工程安全和输水安全。

11月13—14日，国务院南水北调办鄂竟平主任带队对丹江口大坝、丹江口库区运行管理情况进行检查。鄂竟平主任对丹江口大坝加高工程在2017年汛期经受住考验和目前较高水位安全运行以及各级组织为保一库清水北送所做出的贡献给予了充分肯定。

11月19日，长江委副主任马建华对丹江口水利枢纽的运行管理工作进行检查。马建华指出，丹江口水库在今后相当长的时间内将处在高水位运行过程中，水库调度运行面临的形势仍然十分严峻，汉江集团公司与中线水源公司要加强现场工作的领导，坚持主要领导现场值班制度，积极做好防汛和蓄水下阶段的工作。

12月6日，国家防汛抗旱总指挥部秘书长、水利部副部长叶建春一行到丹江口水利枢纽调研考察并召开座谈会。长江防汛抗旱总指挥部秘书长、长江委副主任马建华主持调研座谈会。叶建春指出，要认真抓好丹江口防洪、供水各项工作，将责任落实到工作各个环节，推动枢纽和水库各项管理工作有序开展，整合各方力量和资源，为下阶段丹江口水利枢纽防洪供水工作打下坚实基础。

# 2018 年

1月17—18日，国务院南水北调办在北京市召开2018年南水北调工作会议。国务院南水北调办主任鄂竟平做工作报告。中央纪委派驻纪检组组长田野出席会议并就全面从严治党工作讲话，国务院南水北调办副主任陈刚、张野、蒋旭光出席会议。

2月24—28日，国家防汛抗旱总指挥部办公室顾斌杰督察专员一行3人到

汉江流域调研应急水量调度工作。长江委主任马建华、总工程师金兴平会见顾斌杰督察专员一行，围绕汉江应急水量调度工作进行沟通交流。

5月8日，长江防汛抗旱总指挥部常务副总指挥、长江委主任马建华率队赴丹江口，督导丹江口水利枢纽工程汛前检查中发现问题整改和存在隐患处理工作，对水库防汛备汛工作进行再检查再动员。

5月10日，丹江口水利枢纽2018年度防汛工作会议在丹江口市召开。会议传达了国家防汛抗旱总指挥部、长江防汛抗旱总指挥部对当年防汛工作的重要指示精神，分析研判丹江口水利枢纽防洪度汛形势，安排部署丹江口水库防汛度汛工作。

6月13日8时，丹江口大坝开启一个堰孔放水，为汉江中下游生态补水。

6月18日，长江防汛抗旱总指挥部常务副总指挥、长江委主任马建华主持召开防汛会商，研究部署三峡、丹江口水库近期调度工作。

7月，丹江口大坝新老安全监测系统整合工作基本完成，顺利完成2018年汛前完成新老监测系统整合工作目标，并实现了人工观测。

10月30日至11月5日，南水北调工程建设监管中心按照水利部要求对丹江口大坝加高工程运行管理情况进行专项稽查。

## 2019 年

3月15日，天津市副市长李树起一行9人调研丹江口大坝加高工程，深入了解丹江口水库保护工作，公司副总经理万育生陪同调研。

4月18日，水利部南水北调司司长李鹏程带领检查组对丹江口大坝加高工程防汛工作进行检查。中线水源公司及汉江集团公司领导胡军、王威、何晓东、汤元昌、齐耀华、万育生、曾凡师参加检查。

5月23日，南水北调中线水源工程档案管理研究成果咨询会在湖北省武汉市召开。会议邀请南水北调设计管理中心、水利部、淮河水利委员会、长江委长江档案馆等相关单位的专家参加会议。专家组详细听取项目组的介绍，对中线水源工程档案管理体系、档号编制、验收工作方案、验收规则、实施细则等五项研究成果进行审阅，并就职责分工、档号编制等重要问题提出意见和建议。

5月29日，中线水源公司召开全体员工大会暨工程验收工作动员推进会，公司总经理、党委副书记王威，副总经理汤元昌、齐耀华、万育生、李飞出席会议，公司全体中层管理干部及各部门员工参加会议。会议传达水利部南水北调工程验收工作推进会精神，通报公司当前工程验收工作进展情况和工作计划安排，分析研判形势，指出存在的问题，明确工作目标。

8月13日，长江委副主任吴道喜对中线水源工程验收工作进行专题调研。长江委直属机关党委副书记宋宏斌，中线水源公司领导胡军、舒俊杰、王威、汤元昌、齐耀华、万育生、李飞、冉曦参加调研。

9月5日，长江委副主任戴润泉一行到中线水源公司调研，并就中线水源工程验收进展、公司财务管理、推进改革发展等工作进行座谈交流。长江委财务局局长黄裕东、副局长丁自力，中线水源公司董事长、党委副书记胡军，总经理、党委副书记王威，副总经理汤元昌、齐耀华、万育生、李飞，以及相关部门负责人等参加座谈。

9月16日，中线水源公司举办南水北调中线水源工程档案验收管理培训班，中线水源公司领导王威、汤元昌、齐耀华、李飞参加开班仪式。公司各部门及各参建单位分管档案工作的领导、工程技术人员、专兼职档案人员和声像档案联络人等70余人参加培训。参建单位水电三局就档案整编工作成果、体会与大家进行交流。

10月26日，中线水源公司组织召开丹江口水利枢纽大坝加高工程竣工环境保护验收会议。验收工作组一致同意丹江口水利枢纽大坝加高工程竣工环境保护通过验收。

10月24—25日，中线水源公司举办南水北调中线水源工程验收及运行管理培训班。公司全体员工及房间项目部人员参加培训，取得预期效果。

10月31日，丹江口大坝加高工程消防项目通过湖北省丹江口市行政主管部门组织的消防验收，验收合格。

11月12日，中线水源公司组织召开丹江口大坝加高工程变形监测项目建设

合同项目完成验收会。会议由公司总工程师汤元昌主持，长江勘测规划设计研究有限责任公司、中国水利水电建设工程咨询西北有限公司、长江空间信息技术工程有限公司（武汉）、南水北调中线丹江口大坝加高工程质量监督项目站等单位参加会议。会议一致认为，施工单位按照要求完成了合同规定的全部工作任务，同意通过合同项目完成验收。

12月11—12日，由长江委办公室副主任徐磊任组长，长江档案馆、十堰市档案馆等单位相关人员组成的专家评估组，对中线水源公司档案工作规范化管理进行现场评估。经综合评议，评估组形成综合评估意见，同意中线水源公司水利档案工作规范化管理通过二级单位评估。水源公司副总经理汤元昌，办公室负责人、办公室档案工作人员、各部门档案工作相关人员参加汇报会及现场评估活动。

## 2020 年

1月17日，中线水源公司组织召开2020年档案工作第一次专题会议，审议并细化确定主体工程左、右岸土建施工及金结设备安装施工合同、土建施工及金结设备安装建设监理合同档案整理分类目录体系。

1月22日，中线水源公司总经理、安全生产委员会主任王威带队对南水北调中线水源工程安全生产工作进行检查。

3月26日，南水北调中线水源工程丹江口大坝加高工程坝区水土保持验收尾工项目——汤家沟营地水土保持项目正式开工。

4月27日，中线水源公司召开专题工作会，加大力度推进大坝加高设计单元档案验收，研究部署相关工作。公司总经理王威、副总经理齐耀华、万育生、李飞，技术委员会常务副主任汤元昌，各部门相关负责人及档案工作人员参加。

5月22日，中线水源公司组织召开丹江口大坝加高工程水土保持设施验收会。验收组一致同意丹江口水利枢纽大坝加高工程水土保持设施通过验收。

6月15日，中线水源公司在湖北省丹江口市组织召开《南水北调中线水源工程丹江口大坝加高左岸土建施工及金结设备安装》合同项目完成验收会议。验收工作组一致同意《南水北调中线水源工程丹江口大坝加高左岸土建施工及金结设备安装》合同项目通过验收。

6月30日，水利部向中线水源公司出具南水北调中线一期丹江口大坝加高工程水土保持设施自主验收报备回执。这标志着公司顺利完成水利部督办项目——丹江口大坝加高工程水土保持设施自主验收。

7月15日，水利部南水北调司司长李鹏程一行对中线水源工程防汛、工程验收和尾工建设等工作进行检查和调研。中线水源公司及汉江集团公司领导胡军、王威、曾凡师、李飞以及相关部门负责人参加活动。

7月29日，中线水源公司在湖北省丹江口市组织召开《南水北调中线水源工程丹江口大坝加高右岸土建施工及金结设备安装》合同项目完成验收会议。验收工作组一致同意《南水北调中线水源工程丹江口大坝加高右岸土建施工及金结设备安装》合同项目通过验收。

7月31日，中线水源公司召开中线水源工程设计单元档案专题验收推进会。公司总经理王威对档案验收全体工作人员提出四点要求：一是各司其职；二是全力以赴；三是逐一销号；四是问责追责，实行制度管人、流程管事，化压力为动力，全力推进档案验收工作。

8月19日，主体工程右岸土建施工及金结设备安装合同施工单位档案整编人员作为主体工程合同的首批人员开始集中办公。由此启动了在长江委档案馆的指导下、在长江水利水电开发集团（湖北）有限公司扬子江工程咨询公司支持下的由建设、监理、施工等单位联合集中办公，强力推进档案整编工作的新模式。

9月30日，中线水源公司总经理、安全生产委员会主任王威带队深入南水北调中线水源工程建设、运行现场进行安全生产检查和节日慰问。

10月19—23日，水利部南水北调规划设计管理局组织档案专家检查组对大坝加高设计单元工程档案验收工作进行档案迎验工作检查。

11月14—15日，中线水源公司组织南水北调中线水源工程档案整编技能培训和技能大赛，达到提升技能、规范整编的效果。

11月23—24日，丹江口大坝加高设计单元工程左岸主标、右岸主标、监理合同通过档案验收。

11月30日至12月2日，中线水源公司组织开展丹江口大坝加高设计单元工程档案项目法人验收。验收工作组通过听取汇报、现场检查、案卷抽查、综合评议等工作程序，同意丹江口大坝加高设计单元工程档案通过项目法人验收。

12月8—9日，长江委联合湖北省水利厅、十堰市水利和湖泊局、丹江口市水利和湖泊局组成核查组，对南水北调中线一期丹江口大坝加高工程水土保持设施自主验收开展现场核查。核查结论为，该项目水土保持设施自主验收程序履行、验收标准和条件执行方面未发现严重问题。

12月8—11日，水利部南水北调规划设计管理局组织丹江口大坝加高工程设计单元工程档案检查评定工作。经检查评定，丹江口大坝加高工程档案验收合格，同意通过验收。

## 2021 年

4月11—14日，水利部南水北调规划设计管理局在丹江口组织了南水北调中线一期丹江口水利枢纽大坝加高工程坝区建设征地与移民安置总体验收档案技术预验收，验收通过。

4月26—29日，水利部南水北调规划设计管理局受水利部水库移民司委托，组织专家对丹江口大坝加高工程坝区建设征地与移民安置进行总体验收技术预验收，验收通过。

5月底，中国水利水电科学研究院组织专家完成丹江口大坝加高工程补充安全评估工作。该项工作从2020年11月开始，历时半年，通过多次的现场考察、查阅资料、质疑沟通、研究分析，为丹江口大坝加高工程准确"把脉"。

7月5—9日，水利部南水北调规划设计管理局专项调研丹江口大坝加高工程设计单元工程完工验收技术性初步验收准备情况。

7月23—25日，中线水源公司在湖北省丹江口市组织召开了南水北调中线一期工程丹江口大坝加高工程设计单元工程完工验收项目法人验收会议，同意通过南水北调中线一期工程丹江口大坝加高工程设计单元工程完工验收项目法人验收。

9月8日，水利部移民司会同湖北省水利厅等有关单位组成验收委员会，在湖北省丹江口市开展南水北调中线一期丹江口水利枢纽大坝加高工程坝区建设征地与移民安置总体验收（终验），验收通过。

9月14—16日，水利部南水北调规划设计管理局在湖北省丹江口市组织开展南水北调中线一期工程丹江口大坝加高工程设计单元工程完工验收技术性初步验收工作，验收专家组同意丹江口大坝加高工程设计单元工程通过完工验收技术性初步验收，具备完工验收条件。

10月10日14时许，丹江口水库蓄水位首次达到正常蓄水位170米。根据典型坝段监测数据进行的稳定、渗流计算结果表明坝体抗滑及渗透稳定满足设计要求；反演计算分析成果表明混凝土坝变形、应力分布及特征值，以及新老坝体结合状态等与监测值吻合良好，设计所采用的计算模型、参数基本符合大坝实际状况。大坝的稳定、应力应变及渗流渗压等均满足设计要求。

11月18日，南水北调中线一期工程丹江口大坝加高工程和中线水源供水调度运行管理专项工程通过水利部完工验收。水利部主持成立两个设计单元工程完工验收委员会，实地察看工程现场，观看工程建设声像资料，听取相关工作报告，查阅有关资料，经充分讨论，一致同意两个设计单元工程通过完工验收，并形成工程完工验收鉴定书。这标志着南水北调中线水源工程全面进入运行管理阶段。

# 2022 年

1月，丹江口水库鱼类增殖放流站首次达到年度放流325万尾设计规模。该站于2017年建成并投入运行，是当前国内放流规模最大、增殖放流种类最多的增殖放流站。该站驯养繁育设施均采用全循环水处理系统，以"零排放、零污染"实现人工繁育鱼苗和水质保护的双重目标。

2月15日，中线水源公司对《丹江口水库库周污染源调查及对水环境影响分析研究》项目成果进行审查。该项目形成库周固定污染源基础资料数据库，绘制主要污染源分布一张图，并分析污染源输入对水环境的影响。针对丹江口水库历史性首次达到 170 米蓄水位，该项目开展高水位条件下丹江口水库典型消落区污染负荷输出情况监测评估，估算高水位下消落区内源释放负荷，解析内源释放的污染风险。

3 月 22 日，"守护一库碧水永续北送"主题活动在南水北调中线工程水源地丹江口库区举办。水利部副部长陆桂华，南水北调集团党组书记、董事长蒋旭光出席并讲话。陆桂华与蒋旭光等共同参加了南水北调博物馆开工奠基、南水北调纪念园开园及植树活动。地方政府介绍水源区水质保护情况，当地青少年代表、水利环保志愿者集体诵读爱水节水倡议。

3 月 16—18 日，长江委建设与运行管理局考核组在丹江口开展 2021 年度丹江口水库工程运行管理考核工作。考核组听取自检汇报，通过现场检查、查阅资料和交流讨论等形式，确定丹江口水库考核赋分。考核组要求中线水源公司要提高水利工程管理的现代化建设水平，加快推进数字孪生丹江口工程建设，推动工程管理的信息化、数字化、智能化。加强顶层设计，持续推进水利工程运行管理标准化工作，建立水库工程管理标准化体系。

4 月 12 日，中线水源公司总经理马水山率队到丹江口库区调研"守好一库碧水"专项整治等工作落实情况，并与湖北省丹江口市市委副书记、市长武小凯座谈，双方就深化政企合作、加强库区管理与保护进行深入交流。

4 月 14 日，中线水源公司召开南水北调中线水源工程丹江口库区鱼类增殖放流站增氧系统技术改造方案咨询视频会。该站投入运行以来，承包运行单位先后对站区供氧系统管路、电控柜等进行少量改造，针对近年供氧风机运行出现的问题，编制并向水源公司提交改造方案。编制单位在会议上汇报改造方案，专家组经分析讨论，形成咨询意见。

5 月 24 日，中线水源公司与湖北省十堰市郧西县签署《丹江口水库库区（湖北郧西）协同管理试点工作协议》。双方将探索数字信息化共享与融合、清洁能源、能力建设、水行政管理、文旅产业、水政执法等方面的协作机制与途径，切实维护"三个安全"。加快建立便捷、高效的沟通协调机制，在丹江口水库管理与保护方面开展更宽领域、更深层次的合作，共同保护好南水北调中线核心水源区的水质安全。

5月，中线水源公司组织开展丹江口水库"守好一库碧水"专项整治行动成果现场巡查、复核和调研工作。26—27日，公司配合长江委河湖管理局派出两个工作组，赴丹江口水库河南库区对后续完成整改的问题再次进行现场复核。31日，公司组织赴丹江口水库武当山特区和丹江口市区域对"守好一库碧水"专项整治行动成果开展现场巡查。

6月23日，中线水源公司针对库区省界区域涉库违规行为，首次开展丹江口库区跨省界跨区域联合现场巡查执法行动。通过政企携手、现场取证、就地办公、明确责任、联合执法，对跨区域流动"盲点"地带违法违规行为精准打击、形成震慑，打破了跨省界跨区域问题整治瓶颈和难题，取得了良好效果。

6月25日，中线水源公司对丹江口库区鱼类增殖放流站运行管理项目进行合同完工验收。专家组全面查验亲本采购、人工催产孵化、苗种培育及放流、设施设备维护等合同约定的工作任务完成情况，一致同意通过合同完工验收。同时对鱼类增殖放流站后续提档升级初步建议方案进行研讨，提出相应的意见建议。

7月6日，生态环境部长江流域生态环境监督管理局局长徐翀一行到中线水源公司调研，就加强南水北调中线水源区水生态环境保护工作进行交流座谈。双方表示要充分发挥各自优势，共同呼吁推动丹江口水源地保护立法，共享水质监测信息，强化中线水源区水生态保护合力，持续服务南水北调工程后续高质量发展。

7月8日，中线水源公司与湖北省丹江口市签署丹江口水库库区（湖北丹江口）协同管理试点工作协议。双方将加强丹江口河库管理，严格落实河湖长制，协调解决水库管理中的矛盾和纠纷，进一步探索信息共享与融合、清洁能源、能力建设、水政执法等方面长效协作机制与途径。

7月13日，由中线水源公司承办的水利部"关爱山川河流·守护国之重器"志愿服务长江委分会场活动在南水北调中线一期工程水源地丹江口举行。活动仪式组织观看专题片《盛世丹心铸重器·一泓清泉润北方》，有关领导为志愿服务队授旗，志愿者代表宣读《关爱山川河流·守护国之重器》倡议书。仪式结束后组织参观学习和库区巡查。青年志愿者们在丹江口水之源广场等地开展水利科普

和志愿讲解活动。

7月14日，中线水源公司组织召开丹江口水库水质供水安全相关的数字孪生建设专题研讨会，深入落实长江委有关数字孪生建设2022年取得成效的指示精神，有序推进数字孪生丹江口中线水源工程建设。

7月22日，中线水源公司组织召开丹江口水库库区管理及系统集成相关数字孪生建设专题研讨会，推进数字孪生丹江口中线水源工程建设。

7月22日，截至当日10时，南水北调中线一期工程正式通水以来陶岔渠首调水总量突破500亿立方米，沿线直接受益人口超8500万。为推动京津冀协同发展、雄安新区建设等国家重大战略实施提供可靠水资源保障，发挥巨大的社会、生态、经济效益。

7月26日，中线水源公司与湖北省十堰市张湾区人民政府签署丹江口库区（湖北省张湾区）协同管理试点工作协议。该次合作协议签订后，双方将充分发挥政企双方优势，全面履行双方各自职责，加强协同治理和联合管控，科学有序地推动落实丹江口水库专项法规建设等问题解决途径。

8月13日，中线水源公司委托长江委科技委组织《南水北调中线水源公司"十四五"能力建设规划》和《南水北调中线水源工程运行管理重大科技问题研究顶层设计》技术咨询会。会议认为，要围绕提升中线水源工程的运维和管理能力，确保有关规划和顶层设计的前瞻性、基础性和实效性，进一步修改完善规划设计。

8月25日，南水北调中线穿黄工程通过水利部主持的设计单元完工验收。至此，南水北调东、中线一期工程全线155个设计单元工程全部通过水利部完工验收，其中东线一期工程68个，中线一期工程87个。这是南水北调东、中线一期工程继全线建成通水以来的又一个重大节点，标志着工程全线转入正式运行阶段，为完善工程建设程序，规范工程运行管理，顺利推进南水北调东、中线一期工程竣工验收及后续工程高质量发展奠定基础。

8月26日，长江委组织召开《丹江口水库岸线保护与利用规划》咨询会。会议汇报了该项规划前期工作及目前规划主要成果，并就目前规划中岸线长度复核、功能区分区原则、管控要求以及下一步组织协调等工作进行讨论交流，提出规划修改意见及建议。

9月1日，长江委召开数字孪生丹江口（中线水源工程部分）先行先试建设招标详细设计报告和投资概算审查会。与会专家审阅报告和投资概算，并结合相关法律规章和项目实际情况，对项目背景、费用测算、共建共享、总体架构、技术路线等提出具体修改完善的意见和建议。

9月7日，中线水源公司总经理马水山一行到武当山特区丹江口库区，现场调研库区管理与保护、"守好一库碧水"专项整治等工作情况，与武当山特区管委会进行座谈交流，并举行丹江口库区（湖北武当山特区）协同管理工作协议签字仪式。

9月23日，中线水源公司与湖北省十堰市郧阳区人民政府签署丹江口水库库区（湖北郧阳）协同管理试点工作协议。至此，中线水源公司与库区6个县（市、区）开展丹江口水库政企协同管理试点工作实现全覆盖，标志着丹江口水库库区政企协同管理新模式全面形成并进入实践阶段。

10月31日，南水北调中线一期工程完成2021—2022年调水任务，向河南、河北、北京、天津四省（直辖市）调水92.12亿立方米，为年度调水计划的127.4%，年度调水量再创历史新高，连续2年刷新供水纪录，连续3年超过工程规划的多年平均供水规模。

11月4日，中线水源公司组织召开专门视频会议专题研究丹江口库区及上游氮磷来源、变化及防控对策研究工作，全力推进丹江口库区及上游水质安全保障工作。会议听取丹江口库区及上游氮磷来源、变化及防控对策研究项目建议，讨论氮磷现状分析、来源途径、防控对策等方面的技术路线、研究思路和工作内容。

12月1日，南水北调中线工程启动2022—2023年度冰期输水工作，至次年2月底结束。中线水源公司在总结冰期输水经验教训的基础上，进一步修订完善应急预案和突发事件现场处置方案，针对特殊部位制定专项处置方案。建立冰期气象、冰情监测制度、信息共享和预警会商等工作机制，不断提升风险分析预警能力。通过中线工程防洪信息管理系统、中线天气APP等信息手段，实现对暴雪、冰冻、寒潮等天气的动态监测，设置4个冰情固定观测站，及时推送水温及冰情信息。加强与沿线各级应急管理部门协调联动，充分发挥南水北调河湖长制作用，

进一步提升突发事件应急处置能力。

12月4日，中线水源公司组织召开数字孪生丹江口建设专题会议，检查研判阶段性工作成果和建设初步成效，确保高质量实现水利部、长江委确定的重大节点目标。会议听取项目联合体牵头长江空间信息技术工程有限公司（武汉）关于大坝安全、水质安全、库区安全、系统集成方面的建设进展及上报水利部数字孪生流域建设先行先试中期评估报告准备情况，观看数字孪生丹江口技术交流演示视频。中线水源公司各部门及相关单位就前一阶段取得的成效、需要协调解决的相关问题和建议、拟开展的重点工作等方面进行探讨交流。

12月6日，十堰市档案馆组成专家预检组对中线水源公司省级数字档案馆进行预检。预检组对中线水源公司数字档案馆的基础设施、系统功能、档案资源、保障体系、服务绩效等五个方面进行全面预检，最终形成预检意见。预检组认为，中线水源公司数字档案馆建设符合国家和行业相关标准规范，系统功能完备，数字资源较为丰富，开发应用成效明显，整体水平较为先进，基本实现了档案资源数字化、管理规范化、利用便捷化。

12月10日，由中线水源公司开发的长江委首个节水机关线上验收平台通过测试，完成界面修改、资料上传、内部测试等上线准备工作，具备上线条件。该平台的投运打破了疫情防控期间无法现场验收的瓶颈，向同类型验收、考核等工作提供了经验借鉴，为长江委高质量发展贡献"水源智慧"。

图书在版编目（CIP）数据

水脉丹心： 南水北调中线水源有限责任公司文化读物 /
南水北调中线水源有限责任公司编 . —— 武汉：长江出版社，2023.11
ISBN 978-7-5492-9231-8

Ⅰ．①水… Ⅱ．①南… Ⅲ．①南水北调 - 水利工程 -
中国 - 普及读物 Ⅳ．① TV68-49

中国国家版本馆 CIP 数据核字 (2023) 第 219650 号

**水脉丹心： 南水北调中线水源有限责任公司文化读物**
SHUIMAIDANXIN：NANSHUIBEIDIAOZHONGXIANSHUIYUANYOUXIANZERENGONGSIWENHUADUWU
**南水北调中线水源有限责任公司　编**

| | | |
|---|---|---|
| 责任编辑： | 郭利娜 | |
| 装帧设计： | 刘斯佳 | |
| 出版发行： | 长江出版社 | |
| 地　　址： | 武汉市江岸区解放大道 1863 号 | |
| 邮　　编： | 430010 | |
| 网　　址： | https://www.cjpress.cn | |
| 电　　话： | 027-82926557（总编室） | |
| | 027-82926806（市场营销部） | |
| 经　　销： | 各地新华书店 | |
| 印　　刷： | 武汉新鸿业印务有限公司 | |
| 规　　格： | 787mm×1092mm | |
| 开　　本： | 16 | |
| 印　　张： | 11.25 | |
| 字　　数： | 220 千字 | |
| 版　　次： | 2023 年 11 月第 1 版 | |
| 印　　次： | 2024 年 3 月第 1 次 | |
| 书　　号： | ISBN 978-7-5492-9231-8 | |
| 定　　价： | 78.00 元 | |

（版权所有　翻版必究　印装有误　负责调换）